# 热作产业发展报告(2018年)

◎ 刘建玲　孙　娟　郑红裕　主编

U0271812

中国农业科学技术出版社

**图书在版编目（CIP）数据**

热作产业发展报告 . 2018 年 / 刘建玲，孙娟，郑红裕
主编 . —北京：中国农业科学技术出版社，2019.11
　ISBN 978-7-5116-4519-7

　Ⅰ . ①热… Ⅱ . ①刘… ②孙… ③郑… Ⅲ . ①热带作物—
产业发展—研究报告—中国— 2018 Ⅳ . ① F326.12

　中国版本图书馆 CIP 数据核字（2019）第 261536 号

**责任编辑**　李　雪　徐定娜
**责任校对**　贾海霞

**出　版　者**　中国农业科学技术出版社
　　　　　　　北京市中关村南大街 12 号　邮编：100081
**电　　　话**　（010）82109707（编辑室）（010）82109702（发行部）
　　　　　　　（010）82109709（读者服务部）
**传　　　真**　（010）82109707
**网　　　址**　http://www.castp.cn
**发　　　行**　各地新华书店
**印　刷　者**　北京建宏印刷有限公司
**开　　　本**　787 mm×1 092 mm　1 /16
**印　　　张**　9.25
**字　　　数**　201 千字
**版　　　次**　2019 年 11 月第 1 版　2019 年 11 月第 1 次印刷
**定　　　价**　68.00 元

# 《热作产业发展报告（2018 年）》

# 编写人员

主　　编：刘建玲　　孙　娟　　郑红裕

副 主 编：（按姓名拼音排序）

　　　　　陈河龙　　贺熙勇　　姜　帆　　罗心平　　马晨雨

　　　　　吴　湾　　余　东　　张慧坚　　钟　鑫　　庄丽娟

编写人员：（按姓名拼音排序）

　　　　　陈志峰　　耿建建　　贺梅英　　黄家雄　　刘海清

　　　　　齐文娥　　邱泽慧　　陶　亮　　王俊峰　　易克贤

　　　　　张丽梅　　郑金龙　　左艳秀

编写单位：中国农垦经济发展中心（农业农村部南亚热带作物中心）

　　　　　中国热带农业科学院科技信息研究所

　　　　　中国热带农业科学院环境与植物保护研究所

　　　　　华南农业大学经济管理学院

　　　　　云南省农业科学院热带亚热带经济作物研究所

　　　　. 云南省热带作物科学研究所

　　　　　福建省农业科学院果树研究所

# 前　言

　　中国是世界上热带作物的生产和消费大国，热作品种丰富、种类繁多、功能多样。2018 年，全国热作种植面积 6 951.59 万亩，总产量 3 182.18 万吨，总产值 1 493.56 亿元，对热带、南亚热带地区（简称"热区"）农民增收的贡献率超过 30%，热作产业已成为促进热区乡村振兴的重要抓手，为推进与东南亚、非洲等"一带一路"沿线国家科技合作和提升我国农业国际竞争力和影响力发挥了重要作用。习近平总书记在海南"4·13"讲话上明确指出，"要实施乡村振兴战略，发挥热带地区气候优势，做强做优热带特色高效农业"，这为我国新时期热带农业指明了方向，是热作产业发展的根本遵循。在党中央的坚强领导下，中国热带作物综合生产能力显著增强，产业内部结构持续优化，热作产品电子商务、观光采摘等新产业、新业态快速发展，服务乡村振兴战略能力不断提升。在取得喜人成绩的同时，也要清醒地意识到目前产业发展仍存在经营主体培育不足、产业链较短等问题和挑战。

　　《热作产业发展报告（2018 年)》紧紧围绕党中央关于推进农业高质量发展的决策部署，围绕"乡村振兴""精准扶贫"等国家战略，加强系统研究，组织有关力量完成了天然橡胶、香蕉、荔枝、龙眼、芒果、澳洲坚果、木薯、剑麻、咖啡等9个产业发展报告和热作产业发展总报告，在收集整理国内外热作生产、贸易、科研、政策等方面信息的基础上，系统分析2018年热作各产业的总体发展形势，预测未来发展方向。以国际视野、全局观念，站在全产业链的角度，着眼生产、贸易、消费、市场、科技和政策等关键环节，对当前中国主要热作产业发展进行系统总结梳理，深入剖析了制约中国热作产业发展的诸多问题和短板，研究了热作产业转型升级路径，提出了针对性强、切实可行的产业政策建议。本书凝聚着热作管理人员和产业专家的智慧和思考，内容全面、数据翔实可靠，具有较强的学术性和预测性。

本书的出版发行得到了农业农村部农垦局、中国农垦经济发展中心（农业农村部南亚热带作物中心）及热区各科研单位的大力支持，在此表示诚挚谢意。希望本书能够为有关部门、研究人员及热作从业者提供第一手宝贵研究资料，共享热作产业研究成果。不足之处，还请多批评指正。

编　者

2019 年 10 月

# 目 录

# 2018 年热作产业发展报告

热作产业是世界热带、南亚热带地区（以下简称"热区"）国家的重要支柱产业。热区涵盖亚洲、非洲、拉丁美洲、大洋洲四大洲 130 余个国家（或地区），世界 95% 的热作生产在发展中国家，80% 的消费集中在发达国家。

## 一、世界热作产业概况

### （一）生产情况

近年来，世界热作种植规模总体上保持稳定发展态势，但各作物间产业发展存在一定的差异。澳洲坚果、香（大）蕉、木薯和芒果的世界种植或收获面积持续增加。其中，2018 年，澳洲坚果种植面积为 653.0 万亩（1 亩 ≈666.67 平方米；1 公顷 =15 亩。全书同。），同比增长 44.5%；天然橡胶、荔枝和龙眼的种植面积基本稳定，分别为 2.1 亿亩、1 120.0 万亩和 900.0 万亩。据联合国粮食及农业组织（以下简称"FAO"）统计，2017 年木薯种植面积为 4.0 亿亩，同比增长 13.6%；香（大）蕉收获面积为 1.7 亿亩，同比增长 9.9%；咖啡收获面积 1.6 亿亩，同比持平；芒果收获面积为 8 522.0 万亩，同比增长 4.7%；剑麻的世界种植面积出现大幅下滑，仅为 326.84 万亩，同比减少 47.0%。

受自然灾害、技术管理水平、收获面积、市场波动等因素影响，各类热作的产量年份之间波动较大。除剑麻外，其他主要热带作物的产量都有所增长。其中，荔枝、澳洲坚果的产量增幅最大，世界产量分别为 426.5 万吨、5.9 万吨，同比增长 14.4%、14.5%；天然橡胶产量为 1 380.7 万吨，同比增长 3.5%；咖啡产量为 1 047.0 万吨，同比增长 9.1%；龙眼产量为 389 万吨，同比增长 1.27%。据 FAO 统计，2017 年，木薯产量为 2.9 亿吨，同比增长 5.4%；香

（大）蕉产量为 1.5 亿吨，同比增长 3.4%；芒果产量为 5 064.9 万吨，同比增长 8.9%；剑麻纤维 2017 年的产量为 20.2 万吨，同比下降 47.9%。

## （二）贸易情况

世界主要热带作物进出口总体呈现稳中有增的趋势。贸易总量在千万吨级以上的有香（大）蕉、天然橡胶、木薯等。其中，2018 年，天然橡胶进出口量分别为 1 133.7 万吨、1 125.8 万吨，同比分别下降 10.5%、2.8%；荔枝贸易量为 13.0 万吨，同比下降 45.8%；澳洲坚果贸易量约为 3.2 万吨，同比下降 46.7%。据 FAO 统计，2017 年香（大）蕉进出口量分别为 2 178.3 万吨、2 276.4 万吨，同比分别增长 0.5%、4.0%；木薯产品贸易情况波动较大，进出口量分别为 1 285.3 万吨、85.0 万吨，同比分别增长 66.8% 和下降 86.8%；剑麻贸易量为 11.4 万吨，同比下降 28.8%。

## （三）价格情况

受主产区气候、市场供需关系等的影响，2018 年世界主要热作产品的价格波动较大。泰国和越南的木薯干平均价格分别为 1 534.3 元 / 吨、1 677.6 元 / 吨，同比分别上涨 33.0%、34.1%；泰国和越南的木薯淀粉的平均价格为 3 280.2 元 / 吨、3 545.4 元 / 吨，同比分别上涨 40.1%、34.1%。龙眼迎来丰收年，泰国 AA 级龙眼价格为 5 元 / 千克，同比略有下降；柬埔寨的市场销售价格为 1 美元 / 千克。国际咖啡组织（ICO）咖啡综合平均价为 2.4 美元 / 千克，同比下跌 14.3%。巴西剑麻纤维的离岸价小幅回落至 1 529.6 美元 / 吨，同比下跌 2.4%。泰国 3 号烟片胶（RSS3）、印度尼西亚（简称印尼）20 号标准胶的全年平均价格分别为 1 609 美元 / 吨、1 387 美元 / 吨，与上年相比分别下降 20.1%、16.4%。

## （四）世界各国热作扶持政策

**咖啡。**美国国际发展署将通过一家非盈利企业向乌干达和刚果（金）提供 2 600 万美元援助，用于培训两国 4.5 万农民应对气候变化和合作化经营，以提高咖啡产量并扩大出口。为重振咖啡产业，肯尼亚建立了肯尼亚咖啡平台（Kenya Coffee Platform），此举旨在聚集产业链供应商为解决当前咖啡行业面临的困境出谋划策。肯尼亚计划在未来 5 年内，将当地酿制咖啡的数量从目前的每年 5% 提高到 10%。

**龙眼。**泰国作为最大龙眼出口国家，目前和东盟、中国、日本、韩国、印度、澳大利亚、新西兰、秘鲁、智利等国家和地区签订了自由贸易协定（FAT）。2018 年在 FAT 的推动下，泰国水果出口 26.5 亿美元，同比增长 17%。越南最大的龙眼产地槟知省和兴安省 2018 年通过了澳大利亚工业及贸易部考察；发布了包括龙眼在内的 4 份《越南水果出口中国指南》。

**香蕉。**中柬两方签署了《关于柬埔寨香蕉输华植物检疫要求的议定书》，标志着中国完成了对柬埔寨香蕉的检疫准入，成为柬埔寨首个输华水果品种。

**天然橡胶。**泰国为橡胶种植者推出新补贴，并计划通过减少橡胶种植面积来提振天然橡胶价格。印度尼西亚公共工程部将拟直接向农户和合作社采购橡胶，提振印尼国内胶价。马来西亚橡胶生产激励项目（RPI）计划 2019 年起提高橡胶生产激励补贴，促进橡胶产量提高。

## 二、中国热作产业基本情况

### （一）生产情况

中国热作种植规模和效益总体呈现波动增长的态势。据农业农村部农垦局统计，2018 年全国热作种植面积 6 951.6 万亩，同比增长 5.7%。其中，广西壮族自治区[①] 1 924.6 万亩，云南 1 902.2 万亩，广东 1 326.7 万亩，海南 1 311.9 万亩，福建 220.4 万亩，四川 191.0 万亩，贵州 62.7 万亩，湖南 12.1 万亩，西藏 0.1 万亩（图 1）。从作物种类来看，天然橡胶种植面积为 1 717.4 万亩，同比减少 1.9%；荔枝为 769.8 万亩，同比减少 8.3%；香（大）蕉为 519.8 万亩，同比减少 9.4%；澳洲坚果为 451.8 万亩，同比增长 61.6%；龙眼为 467.0 万亩，同比减少 13.1%；木薯为 438.7 万亩，同比减少 7.4%；芒果为 417.3 万亩，同比增长 7.9%；咖啡为 184.1 万亩，同比增长 2.4%；剑麻为 31.9 万亩，同比减少 18.0%。

2018 年，全年热作总产量 3 182.2 万吨，同比增长 2.4%。其中广东 1 043.5 万吨，广西 875.3 万吨，云南 435.0 万吨，海南 384.0 万吨，福建 351.8 万吨，四川 58.1 万吨，贵州 25.8 万吨，湖南 8.6 万吨，西藏 0.1 万吨（图 2）。从作物种类来看，荔枝为 260.8 万吨，同比增长

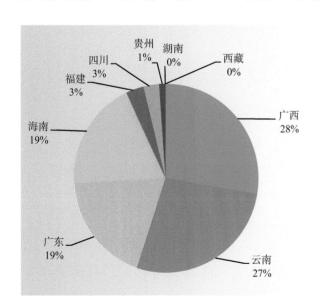

图 1　中国热区各省（自治区）热作种植面积

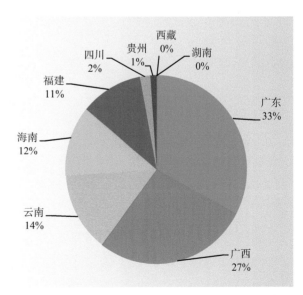

图 2　中国热区各省（自治区）热作种植面积产量情况

① 广西壮族自治区、西藏自治区分别简称为广西、西藏。全书同。

8.9%；芒果为 226.8 万吨，同比增长 10.5%；龙眼为 203.1 万吨，同比增长 0.6%；澳洲坚果（未去壳果）为 4.4 万吨，同比增长 156.8%。香（大）蕉、木薯（干）、咖啡、天然橡胶和剑麻的全年总产量有所回落。其中，香（大）蕉为 1 157.9 万吨，同比减少 10.2%；木薯（干）为 251.2 万吨，同比减少 7.4%；天然橡胶（干胶）为 81.9 万吨，同比减少 0.7%；咖啡（生豆）为 13.8 万吨，同比减少 6.4%；剑麻（纤维）年产量为 8.2 万吨，同比减少 12.0%。中国主要热带作物面积、产量、单产在世界各国的排名见表 1。

**表 1**    **中国主要热带作物面积、产量、单产在世界各国的排名**

| 序号 | 作物名称 | 种植面积情况 | | 产量情况 | | 单产情况 | |
|---|---|---|---|---|---|---|---|
| | | 种植面积（万亩） | 世界排名 | 产量（万吨） | 世界排名 | 单产（千克/亩） | 世界排名 |
| 1 | 天然橡胶 | 1 717.38 | 3 | 81.93 | 4 | 74.44 | 9 |
| 2 | 荔枝 | 769.77 | 1 | 260.76 | 1 | 373.97 | 1 |
| 3 | 八角 | 553.59 | 1 | 24.15 | 1 | 45.36 | |
| 4 | 香蕉 | 519.84 | 6 | 1 157.92 | 2 | 2 493.64 | 2 |
| 5 | 龙眼 | 467.00 | 1 | 203.12 | 1 | 470.15 | 1 |
| 6 | 澳洲坚果 | 451.81 | 1 | 4.43 | 3 | 71.24 | |
| 7 | 木薯 | 438.67 | 15~20 | 251.24 | 15~20 | 548.64 | |
| 8 | 芒果 | 417.34 | 4 | 226.81 | 4 | 975.38 | 7 |
| 9 | 肉桂 | 377.09 | | 10.71 | | 39.65 | |
| 10 | 柚子 | 339.31 | | 457.86 | | 1 836.21 | |
| 11 | 咖啡 | 184.05 | 31 | 13.79 | 13 | 97.63 | 1 |
| 12 | 槟榔 | 164.93 | 4 | 27.22 | 2 | 231.01 | |
| 13 | 菠萝 | 90.15 | 5 | 164.49 | 7 | 2 452.81 | |
| 14 | 火龙果 | 74.57 | 2 | 102.14 | 2 | 1 745.39 | |
| 15 | 椰子 | 51.63 | 20~25 | 22 684.90 万个 | 20~25 | 537.3 个/亩 | |
| 16 | 剑麻 | 31.86 | 9 | 8.17 | 2 | 405.61 | 1 |

2018 年，全国热作总产值 1 493.6 亿元，同比增长 8.5%。其中广东 433.4 亿元，海南 373.1 亿元，广西 294.8 亿元，云南 198.9 亿元，福建 130.3 亿元，四川 48.0 亿元，贵州 13.5 亿元，湖南 1.5 亿元，西藏 0.1 亿元。从作物种类来看，香（大）蕉产值 300.6 亿元，同比增长 16.6%；荔枝产值 134.0 亿元，同比减少 28.5%；芒果产值 105.3 亿元，同比减少 16.1%；龙眼产值 104.6 亿元，同比减少 13.3%；天然橡胶总产值 87.9 亿元，同比减少 16.8%；木薯产值

76.1 亿元，同比增长 49.3%；咖啡产值 20.4 亿元，同比减少 23.0%；澳洲坚果产值 13.5 亿元，同比增长 76.7%；剑麻产值 7.8 亿元，同比减少 35.8%。

**（二）贸易情况**

据海关统计，2018 年中国热作产品贸易保持平稳增长态势。其中，木薯类、橡胶类、棕榈油类和热带水果类是主要的进口产品，其进口量分别为 680.6 万吨、566.0 万吨、607.3 万吨和 361.4 万吨，合计占总进口量的 96.4%。热作产品的总出口量为 62.6 万吨，同比增长 12.8%。其中，热带水果类和咖啡类是主要的出口产品，其出口量分别为 36.4 万吨和 10.9 万吨，同比均略有增加，合计占总出口量的 75.6%。

中国作为热作产品净进口国，2018 年进口总额为 199.9 亿美元，同比减少 3.4%；出口总额为 11.2 亿美元，同比减少 0.9%。贸易逆差为 188.7 亿美元，比上年减少 3.5%（表 2）。

**表 2　2018 年中国热带作物进出口情况**

| 热作类型 | 进口数量（吨） | 进口金额（万美元） | 出口数量（吨） | 出口金额（万美元） |
|---|---|---|---|---|
| 天然橡胶类 | 2 595 942.6 | 360 682.6 | 13 288.9 | 1 991.5 |
| 复合橡胶类 | 113 673.9 | 38 919.0 | 14 687.5 | 4 273.0 |
| 混合橡胶类 | 2 950 379.8 | 424 668.2 | 824.8 | 473.3 |
| 棕榈油类 | 6 073 417.4 | 415 994.5 | 35 454.0 | 2 835.4 |
| 热带水果类 | 3 613 840.0 | 379 547.9 | 363 882.9 | 39 674.7 |
| 香料类 | 5 972.9 | 2 777.9 | 61 928.1 | 15 407.6 |
| 槟榔果 | 460.1 | 74.8 | 22.2 | 10.1 |
| 剑麻类 | 38 446.5 | 6 093.7 | 0.01 | 0.0 |
| 椰子类 | 462 299.4 | 22 397.1 | 369.8 | 37.8 |
| 坚果类 | 90 070.2 | 53 943.7 | 5 024.3 | 3 195.1 |
| 木薯类 | 6 806 476.0 | 206 950.4 | 709.6 | 57.2 |
| 咖啡类 | 105 366.0 | 51 955.1 | 108 580.8 | 35 612.0 |
| 可可类 | 129 489.6 | 34 639.0 | 21 254.8 | 7 998.0 |
| 合计 | 22 985 834.4 | 1 998 643.8 | 626 027.7 | 111 565.7 |

**（三）价格情况**

2018 年，中国主要热作产品的市场价格涨跌不一，同一作物的不同品种间价格差异较大，市场波动剧烈。

国内主销区天然橡胶价格震荡下跌，国产标准胶（SCRWF）市场平均价格 10 764 元 / 吨，同比下跌 22.57%，其中上海市场平均价格为 10 779 元 / 吨，同比下降 3 154 元，最高价为 12 500 元 / 吨，最低价为 9 800 元 / 吨；青岛市场平均价格为 10 764 元 / 吨，同比下降 3 149 元，最高价为 12 400 元 / 吨，最低价为 9 900 元 / 吨；天津市场平均价格为 10 750 元 / 吨，同比下降 3 097 元，最高价为 12 400 元 / 吨，最低价为 9 700 元 / 吨。

芒果批发价略有下降，均价为 12.1 元 / 千克，同比下跌 0.6%。

澳洲坚果壳果（含水量约 20%）的地头价均价为 25.0 元 / 千克，同比下跌 25.5%。

广东和广西的剑麻纤维地头收购价均价（鲜叶折算价，干纤维抽出率按鲜叶 4.5% 计）保持不变，均为 10 元 / 千克。

荔枝地头价、收购价、批发价和零售价同比出现较大幅度下降，综合地头价为 7.6 元 / 千克，综合收购价为 4.3 元 / 千克，综合批发为 10.5 元 / 千克，综合零售价为 16.1 元 / 千克，分别下跌 39.3%、58.5%、24.4% 和 23.8%。

龙眼产地价格同比出现较大幅度下降，销地价格同比略有上升，综合地头价 5.8 元 / 千克，综合收购价 5.7 元 / 千克，综合批发价为 7.7 元 / 千克，综合零售价为 16.2 元 / 千克。

木薯和香蕉产品的价格出现较大幅度增长，木薯干平均价格为 1 783.2 元 / 吨，同比上涨 20.0%，木薯淀粉平均价格为 4 020.3 元 / 吨，同比上涨 31.1%；香蕉批发价均价 5.2 元 / 千克，同比上涨 16.6%，地头价均价 3.0 元 / 千克，同比上涨 34.4%。

**（四）热作扶持政策**

**天然橡胶。**主产省加快推进生产保护区划定工作，预计 2019 年 6 月底前可以完成划定工作。海南省出台了《2018 年海南省农业保险工作实施方案》，支持民营胶园开展价格（收入）保险，省级财政补贴 30%，各市级财政补贴 30% 以上；支持海南天然橡胶产业集团（以下简称"海胶集团"）开展收入保险试点，保险费由海胶集团自缴 60%，省财政补贴 40%。云南省在国家级贫困县云南勐腊县成功启动天然橡胶"保险+期货"精准扶贫试点项目。财政部、税务总局两次发布通知，自 2018 年 11 月 1 日起提高部分产品出口退税率，财政部发布了《2019 年进出口暂定关税等调整方案》，将从 2019 年 1 月 1 日起对部分商品的进出口关税进行调整。

**咖啡。**云南政府工作报告提出打造"绿色食品牌"后，"云咖"产业积极行动，在延续以往绿色生产的基础上，开始布局全产业链。全国首例咖啡价格指数保险在宁洱县落地，完成投保面积 1.5 万亩，其中包括 602 户建档立卡贫困户投保的 6 171.5 亩，累计为当地贫困户及企业提供风险保障逾 2 900 万元，助力咖啡产业扶贫。

**椰子。**海南文昌将继续实施"椰林工程"大行动，力争在 2019 年年底前新增种植椰子树 30 万亩，大力优化椰子产业结构、产品品质，擦亮"文昌椰子"品牌。

**西番莲。**福建省财政厅、省农业厅（现为农业农村厅）2018 年安排果业与富硒农业发展资金共计 1 500 万元，其中，拟安排果业发展专项资金人民币 850 万元，用于百香果标准化（育苗）基地建设，重点推广 1 号、2 号、3 号百香果新品种，满足 2 000 亩以上百香果种植需要。

**菠萝蜜。**海南率先开展菠萝蜜种植保险试点并签单落地，保费方面省级政府补贴 40%、市县政府补贴 40%、种植农户承担 20%。

### （五）产业发展新特点

#### 1.热带作物种质资源保护力度日益加大

主要热作种质资源保护体系逐步完善，通过维护橡胶树、热带果树、南药等热作种质资源圃（库），建设热作种质创新基地，开展种质资源调查、收集、保存、鉴定评价与创新利用，进一步丰富圃存资源，深入挖掘优异种质，选育出一批优良品种（系），夯实产业发展物质基础。2018 年，新收集 2 000 份种质资源，支持保存资源总量 20 000 份，鉴定评价种质 6 000 份次，创新种质 4 000 份，提升热带作物种质资源丰度，提高热作良种选育效率。

#### 2.热作发展与热区产业产业扶贫关系日益密切

广西制定了《全区有扶贫任务县（市、区）特色产业目录和认定标准》，规划县级"5+2"、村级"3+1"精准扶贫产业，并制定实施特色产业以奖代补政策，提高贫困地区特色产业覆盖率。据统计，全区贫困地区新增果树种植面积达 20 万亩，水果产量增加 15 万吨；2018 年，广西热带作物的种植面积和产值同比分别提高 14.2% 和 19.0%。贵州将西番莲、火龙果等列为 2018 年重点产业给予支持，种植面积分别增长 456.3%、125.6%，产值分别增长 517.4%、382.9%。广东大力实施现代农业产业园和"一村一品、一镇一业"特色产业发展行动，各村镇结合实际情况将园林水果、岭南中药等列为特色产业。据统计，2018 年广东热作总产值同比增长 0.7%。

#### 3.热作产业新型主体培育模式日益新颖

热区各省（自治区）创办多元化新型经营主体，创新增设"贫困户＋合作社＋农业龙头企业＋项目公司""合作社＋基地＋村委会＋农户"等模式，引导小农户通过土地流转、生产技术、现金资本、管理服务等方式入股新型经营主体，共同进行热作生产、园区管理，并结合观光、采摘等休闲农业，做到一、三产业融合，完善订单带动、利润返还、股份分红等与小农户的利益联结机制，配套技术培训、人才输送等方式，增加新型经营主体的产业持续发展带动能力，使小农户直接从中受益。

### （六）热作产业发展展望

#### 1.生产情况总体平稳

2019 年，预计我国热带、亚热带作物年末实有面积会有小幅增加。随着天然橡胶生产保护区划定工作的推进与验收工作的逐步深入，天然橡胶生产面积趋于平稳，若不发生重大灾害，产量将保持稳定。荔枝、龙眼等传统热带水果的面积和产量会略有下降，香（大）蕉、西番莲、火龙果、芒果等产值较高的热带水果因各省（自治区）产业扶贫政策而有较快的发展，面积和产量会有所提升。其他热带作物如澳洲坚果、咖啡等的发展将趋于理性，面积和产量将略有增加。

### 2. 市场价格情况预测

2019年，受国际原油价格、汽车销售市场及轮胎出口等多种因素的影响，预计天然橡胶价格依然在成本价以下低位震荡。由于荔枝、龙眼等作物产量将有所下降，供求关系将有所改善，预计市场价格将会有所提升，火龙果、砂仁等作物优质优价的特点将更加突出。咖啡等世界贸易活跃的产品处于供过于求的状态，库存压力较大，预计2019年价格仍将处于低位运行。

## 三、热作产业发展存在的主要问题

### 1. 支持资金数目少且较为分散

以天然橡胶为例，中央财政年投入额不到总产值的2%，远低于国家财政支农平均水平，与泰国等主要植胶国也差距明显。其他热带作物的扶持力度更小。目前，对于天然橡胶的扶持资金涉及品种选育、栽培模式推广、信息化监测、病虫害防治、种质资源创新利用等多个方面，能够构建起产业网络，但对其他热带作物的扶持种类少、涉及层面窄，且财政资金存在拨付不及时、资金使用效率不高等问题，支持资金覆盖率低且靶标不明确，难以实现热带作物产业化发展的"提速增档"。

### 2. 行业协会组织化程度较低

近年来，我国热带作物供给侧改革效果日益显现，通过加快推进转方式、调结构实现了从追求产量到产量和质量并重的转变，但是也存在缺乏产业发展规划、市场信息不对称、盲目扩大种植等问题，除了政府需加强引导外，行业协会也应发挥产业调研、沟通诉求等作用，为政策谋划建言献策。相较国外，中国各个热带作物的行业协会人员少、力量小、话语权较弱，虽有部分能够积极协调政府与会员单位之间的交流沟通、开展技术服务工作，但是在制定标准、产业发展布局、市场信息化服务、贸易谈判等方面与发达国家农业行业协会仍有较大差距，对热带作物产业化、绿色高效发展的贡献有限。

### 3. 质量标准体系尚未完善

随着经济全球化与区域贸易自由化的进程不断加速，东盟自由贸易区和海南自由贸易试验区（港）的宽松贸易政策使得东南亚国家热带作物以低关税进口，继续对中国热带作物发展造成一定的压力。目前中国热带作物虽有栽培技术规程等行业标准，但其中一些年代久远，已经不能适应当下的生产需求。目前果实采收、果品质量标准要求不严格，农药残留不达标，部分水果因过度催熟、膨大而导致生长调节剂使用不合理，果品质量一致性较差，对于品牌创建、热带水果贸易造成不利影响。随着产业链的不断延伸，对于食用作物的分级、包装、运输、加工等一系列行业标准亟待发布。

### 4.全产业链科技含量不足

在国家的支持和科研人员的努力下，中国热作科技创新不断取得突破，一批新技术、新品种、新成果在生产上得到应用，为产业发展提供了有力保障。但总体而言，热作产业科技支撑作用仍有较大提升空间，主要表现为：科研力量主要集中在产业链前端，对机械化设备、产品精深加工等中下游研究实力不足，科技转化率不高；一些固有的"疑难杂症"依然没有解决的突破口，如天然橡胶割胶死皮率高、使用刺激剂影响胶水质量等问题，香蕉枯萎病、柑橘黄龙病、槟榔黄化病等病害，没有形成精简易上手、接受程度高的技术体系；产业链上下游沟通不顺畅，上游科研成果为下游产品服务的能力和水平有待提高，与市场对接不紧密。

## 四、热作产业发展思路

### （一）总体思路

深入贯彻落实习近平总书记关于"三农"工作的重要论述，以习总书记在海南省建省办特区三十周年讲话中"发挥热带地区气候优势，做强做优热带特色高效农业"为根本遵循，立足热区自然资源禀赋，以市场为导向，按照热作产业差异化发展思路，坚持走高质量发展和绿色发展道路，构建现代热作产业体系、生产体系和经营体系。加强组织领导，切实转变工作方式方法，创新思维、精心谋划。充分利用现有科技计划和资金渠道，加大对科研设施和依托设施开展科学研究的投入。完善管理体制，加强规划制定、立项决策、建设管理、运行保障等环节的衔接协同。深入实施人才优先发展战略，吸引和凝聚高层次创新人才，引进和培养工程技术、科学研究、工程管理骨干人才，助力热区乡村全面振兴。

### （二）产业发展定位

#### 1.保障国家资源安全和食品安全

一是国家天然橡胶安全供给的压舱石。要按照《国务院关于建立粮食生产功能区和重要农产品生产保护区的指导意见》有关要求，完成 1 800 万亩天然橡胶生产保护区的划定和建设，力争做到藏胶于地、藏胶于技、藏胶于树，不断提高综合生产能力，切实承担起保障国家战略物资供应的重任。二是丰富百姓餐桌果篮的排头兵。随着城乡居民消费结构加快升级，对高端热作产品的消费日益增多，要紧紧围绕市场需求，在技术、品牌、营销和服务上下功夫，坚持绿色发展理念，积极发挥比较优势，不断优化产品品质，保障热带作物供应市场的种类、产量和质量。

### 2. 协同创新助力热带农业转型升级

一是建立标准化引种体系。加强热作种质资源圃（库）设施群建设，科学布局建设检疫、隔离设施，建立标准化试种和种质资源精准评价体系，积极稳妥建设全球热带植物资源引进中转基地。二是优化品种结构与推广先进适用技术。依托国家现代农业产业技术体系，巩固和增强我国农业名特优稀的传统优势，做到人无我有、人有我优。推进热作标准化生产示范园提档升级，强化新品种、新技术的集成展示和示范推广。三是推进现代信息技术的运用。针对农产品质量安全追溯管理、市场信息监测预警等需求，建设热带农业物联网应用示范基地、现代农业电子商务平台，为产业持续发展提供技术支持。

## 五、热作产业发展建议

### （一）巩固天然橡胶基地建设

一是加快老残胶园更新步伐。抓住当前天然橡胶市场价格持续低迷、更新成本机会成本较低的有利时机，积极推广优良品种，推进老残胶园更新改造工作。二是强化胶园管理。加大低产胶园的投入力度，结合天然橡胶抚育技术示范片项目，在三大植胶区推广营养诊断、病虫害综合防治、胶林立体种养模式等先进技术，挖掘增产潜力，提高单位面积产量。三是适时出台天然橡胶生产保护区支持政策。对已划定的 1 800 万亩天然橡胶生产保护区采取分级保护的策略，实施以奖代补、先建后补等方式提高胶农割胶积极性，保障天然橡胶综合生产能力。

### （二）提升产业经营效益

一是继续推进产业结构调整。根据市场需求和资源优势，推动适宜开发推广的名、特、优、稀作物发展，建立适度规模的生产基地和绿色高效示范基地。二是继续加大品种结构调整力度。针对热带水果产期集中、精深加工能力不强的问题，合理调整早中晚熟品种结构，以市场化为指导推广加工专用型品种，实现品种结构多样化，满足不同类型的消费需求。三是继续推广标准化生产。进一步健全热作产前、产中、产后等各个环节的生产和技术标准体系，采用发放明白纸、开展技术培训班等通俗易懂的形式，宣传普及生产关键环节和重大技术措施的操作规范。

### （三）提高信息化服务水平

一是拓宽信息渠道，把握行业动态。把热作国际组织作为了解主产国科研、政策的主要渠道，加强与 ANRPC、IRRDB 等国际组织的联系，依托科研院所、行业协会增进与热作主产国的科技、文化交流。二是加强资源整合，做好信息分析工作。建立统一高效的病虫害防控体系，及时发布病虫害防控信息。继续做好天然橡胶、香蕉等主要热带作物月度市场动态监控工作，通过门户网站、微信公众号等渠道定期向社会发布市场信息月报和产业形势分析。

### （四）推进金融保险在热作产业中的应用

一是提高热作农业保险的覆盖面积。扎实推进天然橡胶收入保险试点工作，争取将主要热作纳入农业大灾保险试点范围，研究筹划财政对特色热作产品保险以奖代补政策，将农业保险打造成为热作生产的稳压器。二是发展热作产品期货市场。丰富热作产品期权期货产品，稳步推进天然橡胶"保险＋期货"试点，探索"订单农业＋保险＋期货"试点工作，增强热作产业风险管控能力。

### （五）稳妥推进热作农业国际交流合作

一是提高国内企业"走出去"发展的质量。积极响应国家"一带一路"倡议，加强与南美洲、非洲、南太平洋和东南亚等热带地区国家的交流合作，统筹利用"两种资源、两个市场"，优化人才队伍建设，增强境外企业投资风险管控能力，提升营收能力和经营效益。二是积极争取有利的对外贸易政策。依托行业协会加强对热作产品主要生产国和消费国的考察和调研工作，及时了解出口目标市场对产品的需求和检疫要求，增强我国热带农产品质量一致性标准，提升产业可持续竞争力。

# 2018 年天然橡胶产业发展报告

## 一、世界天然橡胶产业概况

### （一）生产情况

#### 1. 种植面积略有下降

据天然橡胶生产国联合会（ANRPC）统计，2018 年世界天然橡胶种植面积为 2.1 亿亩，同比下降 0.9%；其中，ANRPC 成员国橡胶种植面积 1.8 亿亩，同比下降 0.6%。世界前 5 位植胶面积最大的国家分别为：印度尼西亚 5 518.5 万亩、泰国 5 420.9 万亩、中国 1 765.5 万亩、马来西亚 1 625.3 万亩和越南 1 441.8 万亩，合计占 ANRPC 的 86.6%（表 1、图 1）。

**表 1　2018 年 ANRPC 成员国天然橡胶生产情况**

| 成员国 | 种植面积（万亩） | 开割面积（万亩） | 开割率（%） | 产量（万吨） | 单产（千克/亩） |
|---|---|---|---|---|---|
| 柬埔寨 | 655.1 | 302.9 | 46.2 | 22.0 | 72.6 |
| 中国 | 1 765.5 | 1 147.5 | 65.0 | 83.7 | 72.6 |
| 印度 | 1 237.5 | 667.8 | 54.0 | 65.4 | 76.6 |
| 印度尼西亚 | 5 518.5 | 4 691.1 | 85.0 | 363.0 | 80.5 |
| 马来西亚 | 1 625.3 | 622.5 | 38.3 | 60.3 | 96.7 |
| 菲律宾 | 353.0 | 243.0 | 68.9 | 10.6 | 47.3 |

（续表）

| 成员国 | 种植面积<br>（万亩） | 开割面积<br>（万亩） | 开割率<br>（%） | 产量<br>（万吨） | 单产<br>（千克/亩） |
|---|---|---|---|---|---|
| 斯里兰卡 | 204.5 | 160.1 | 78.3 | 8.3 | 53.6 |
| 泰国 | 5 420.9 | 4 666.8 | 86.1 | 487.9 | 93.7 |
| 越南 | 1 448.1 | 1 017.3 | 70.2 | 114.2 | 109.3 |
| 合计 | 18 228.2 | 13 518.9 | 74.2 | 1 215.4 | 89.9 |

数据来源：天然橡胶生产国联合会（ANRPC）

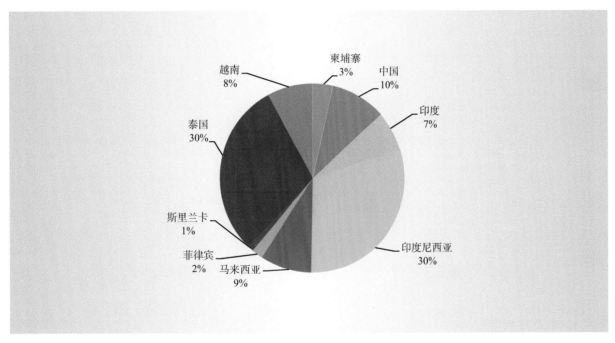

图 1　2018 年 ANRPC 成员国天然橡胶种植面积（单位：万亩）

从植胶面积增长速度看，2018 年，ANRPC 成员国中菲律宾、越南、泰国同比出现下降趋势，分别为 3.69%、1.21%、1.07%；其他国家植胶面积比较稳定，增幅均不超过 1%。

**2. 收获面积基本稳定**

据测算，2018 年世界天然橡胶收获面积为 1.63 亿亩，同比增加 0.62%；其中，ANRPC 成员国收获面积为 1.35 亿亩，同比增加 0.61%。收获面积位居前 5 位的国家为：印度尼西亚 4 691.1 万亩、泰国 4 666.8 万亩、中国 1 147.5 万亩、越南 1 017.3 万亩、印度 667.8 万亩，合计占 ANRPC 的 90.2%。ANRPC 成员国的平均开割率为 74.2%，与上年基本持平。收获面积增加最快的国家为柬埔寨，同比增长 20.0%，减少最快的国家为马来西亚，同比下降 20.4%。

### 3. 产量小幅提升

据测算，2018 年，世界天然橡胶产量为 1 380.7 万吨，同比增长 3.5%，ANRPC 成员国合计产量为 1 215.4 万吨，占世界产量的 88.0%。其中，产量位居前 5 位的国家（图 2）分别为泰国 487.9 万吨、印度尼西亚 363.0 万吨、越南 114.2 万吨、中国 83.7 万吨、印度 65.4 万吨。马来西亚、印度的天然橡胶产量有所下降，同比分别减少 18.5%、8.3%；产量增长最快 3 个的国家为柬埔寨、泰国、中国，同比分别增长 14.0%、10.2%、4.9%。

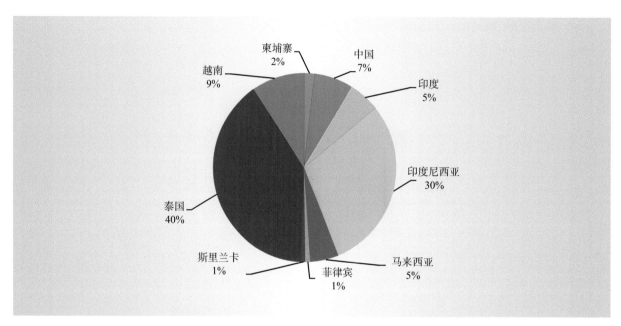

图 2　2018 年 ANRPC 成员国天然橡胶产量（单位：万吨）

### 4. 单产有所提升

据测算，2018 年世界天然橡胶平均单产为 85.6 千克 / 亩，同比增长 3.9%。ANRPC 成员国平均单产高于世界水平，为 89.9 千克 / 亩，同比增长 2.5%；其中，排名前 4 位的国家分别为越南 109.3 千克 / 亩、马来西亚 96.7 千克 / 亩、泰国 93.7 千克 / 亩、印度尼西亚 80.5 千克 / 亩。

### （二）市场情况

### 1. 天然橡胶消费量稍有提升

据统计，2018 年世界天然橡胶消费量 1 394.4 万吨，同比增长 5.0%；ANRPC 成员国消费量为 920.2 万吨，占世界总消费量的 66.0%，同比增长 6.6%（表 2）。中国、印度和泰国保持 ANRPC 成员国中三大消费国的地位不变，2018 年消费量分别为 567.0 万吨、121.8 万吨和 72.0 万吨。美国和日本是非 ANRPC 成员国中消费量最大的两个国家，2018 年消费量分别为 105.9 万吨和 74.3 万吨。2018 年世界天然橡胶基本实现供求平衡。

| 表 2 | | 2014—2018 年世界天然橡胶消费量变化 | | | |
|---|---|---|---|---|---|
| 国家 | 2014 年 | 2015 年 | 2016 年 | 2017 年 | 2018 年 |
| 中国 | 480.4 | 478.0 | 501.1 | 538.6 | 567.0 |
| 印度 | 101.5 | 99.3 | 103.3 | 108.2 | 121.8 |
| 泰国 | 54.1 | 60.1 | 65.0 | 65.2 | 72.0 |
| 印度尼西亚 | 58.0 | 54.1 | 60.1 | 61.9 | 65.3 |
| 马来西亚 | 45.8 | 48.7 | 50.6 | 51.8 | 54.1 |
| 越南 | 15.7 | 17.6 | 19.4 | 21.4 | 22.5 |
| 斯里兰卡 | 11.6 | 12.7 | 14.2 | 12.8 | 13.5 |
| 菲律宾 | 2.9 | 3.0 | 302.0 | 3.5 | 4.0 |
| ANRPC 合计 | 769.9 | 773.5 | 816.9 | 863.4 | 920.2 |
| 美国 | 93.2 | 93.7 | 96.4 | 103.8 | 105.9 |
| 日本 | 70.9 | 72.2 | 67.8 | 72.4 | 74.3 |
| 非 ANRPC 合计 | 454.0 | 453.0 | 457.6 | 464.7 | 474.2 |
| 世界合计 | 1 223.9 | 1 226.5 | 1 274.5 | 1 328.1 | 1 394.4 |

数据来源：天然橡胶生产国联合会（ANRPC）和国际橡胶研究组织（IRSG）

**2. 天然橡胶进出口情况**

出口方面：2018 年，世界天然橡胶出口量为 1 125.8 万吨，同比减少 2.8%。ANRPC 成员国共出口 1 011.8 万吨，同比减少 3.0%。泰国、印度尼亚、越南和马来西亚的出口量分别为 411.2 万吨、295.4 万吨、150.0 万吨和 112.3 万吨，占 ANRPC 出口量的 95.8%。

进口方面：2018 年，世界天然橡胶（含混合橡胶）进口量为 1 133.7 万吨，同比减少 10.5%。ANRPC 成员国共进口天然橡胶 777.8 万吨，同比增加 1.2%。中国是世界上天然橡胶第一进口大国，2018 年进口量为 539.3 万吨，同比减少 1.4%，占世界进口总量的 47.6%；美国、马来西亚、日本、越南、印度分别进口 105.9 万吨、101.5 万吨、74.3 万吨、58.3 万吨、58.6 万吨。

**3. 价格震荡下跌**

2018 年，国外天然橡胶原料价格震荡下跌（图 3），月均价格最高点出现在 1 月，泰国 3 号烟片胶（RSS3）、印尼 20 号标准胶分别达到了 1 789 美元 / 吨、1 510 美元 / 吨，此后开始震荡下跌；到 12 月，泰国 3 号烟片胶和印尼 20 号标准胶月均价格分别为 1 389 美元 / 吨和 1 310 美元 / 吨，较年初分别下跌 28.80% 和 15.27%。2018 年两种原料胶的全年平均价格分别为 1 609

美元/吨、1 387 美元/吨，与上年相比分别下降 20.1%、16.4%。

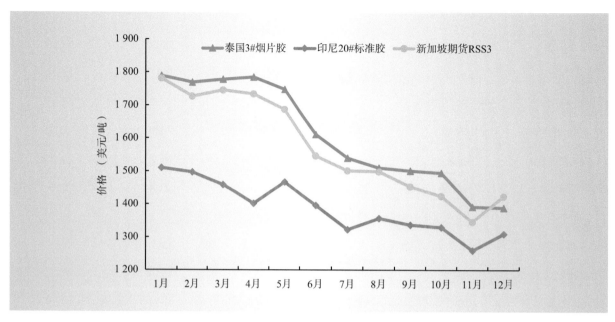

图 3　2018 年国外主产区天然橡胶价格走势

## （三）国外产业支持政策情况

### 1.泰国率先减少植胶面积以提升胶价

泰国政府计划 2018 年减少橡胶种植面积以提振天然橡胶价格。政府将宜胶区作为支持重点，给予符合条件的胶农补贴，计划补贴 1.6 万泰铢/莱，每户胶农最多给予 10 莱的补贴金。

### 2.泰民众购买橡胶制品可享受税收减免

为了刺激国内经济，泰国内阁通过了"购物助国"政策，该政策涵盖了书籍、"一乡一品"产品和泰国制造的橡胶轮胎。凡是购买这三类商品的消费者，可以减免最高不得超过 15 000 泰铢的个人所得税。其中，购买橡胶轮胎（向泰国橡胶局购买橡胶原料所制轮胎）的消费者可获得税收"优惠券"。

### 3.泰国为橡胶种植者推出新补贴

泰国政府通过了一项新补贴政策以及采取其他措施来帮助胶农，总投入资金将达 186 亿泰铢。该措施将会在 2019 年 1 月开始实行，其中包括向在泰国橡胶协会注册的小户胶农发放每莱（约合 0.16 公顷）土地 33 美元的直接补贴，上限为 500 美元，新补贴将会使 100 万胶农以及 30 万割胶者受益。

### 4.印度尼西亚采购橡胶提振胶价

印度尼西亚公共工程部将从 12 月起直接向农户和合作社采购橡胶，采购价为每千克

7 500~8 000卢（折合人民币3.6~3.8元），借此提振印尼国内胶价。

### 5.马来西亚提高橡胶补贴

马来西亚橡胶生产激励项目（RPI）计划2019年起提高橡胶生产激励补贴，促进橡胶产量提高。补贴标准从每千克干胶2.2林吉特提高到2.5林吉特，预计橡胶小农户每月将增加144林吉特或1 728林吉特/年/公顷的收入（1林吉特=1.65元人民币）。

### 6.科特迪瓦政府将重振橡胶业

科特迪瓦部长会议通过一系列应对橡胶商品化困难的举措，以重振该行业，提高种植者收入：一是政府与橡胶加工企业签订投资协议，通过给予最大期限为5年的税收减免待遇，推动加工企业提升产能，来吸收本地胶乳产量；二是延长关于限制胶乳出口的规定；三是创办种植者学校，以推动橡胶产业协会的成立。

## 二、中国天然橡胶产业基本情况

### （一）生产情况

#### 1.种植面积基本稳定

受胶价持续低迷的影响，部分农户希望砍胶改种其他高效作物，但橡胶树更新改种受林业砍伐政策限制，所以我国植胶面积基本稳定。据农业农村部农垦局统计，截至2018年年底，全国天然橡胶种植面积为1 717.4万亩，同比减少1.9%；其中，云南、海南、广东的种植面积分别为8 57.1万亩、792.5万亩、67.8万亩。全国开割面积共1 100.7万亩，同比下降3.3%（图4）。

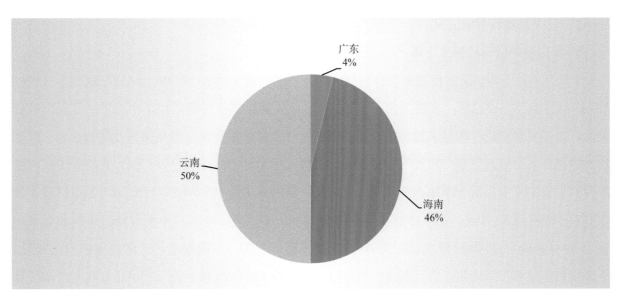

图4　国内主产区天然橡胶种植情况

**2.天然橡胶产量基本持平**

3月，云南西双版纳产区较往年提前1个月开割；4月初，海南、广东植胶区遭遇低温阴雨天气，比往年推迟10天左右；9月，超强台风"山竹"经海南东北部、从广东登陆，但滞留海南时间较短，给天然橡胶产业带来的影响有限。据统计，2018年中国天然橡胶产量为81.9万吨（图5），同比增长0.6%。其中，云南、海南、广东产量分别为45.4万吨、35.1万吨、1.4万吨。农垦自有胶园产量为33.3万吨，占全国产量的40.7%。

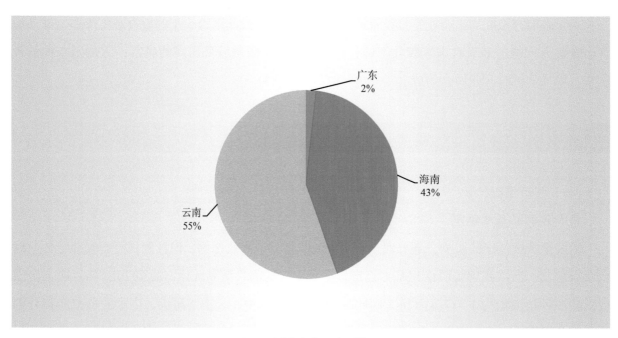

图5 国内主产区产量情况

**（二）天然橡胶市场情况**

**1.国内主销区价格震荡下降**

1月至8月下旬，天然橡胶市场价格持续震荡下降，由1月初12 300元/吨下跌至8月底的10 167元/吨。主要原因：受美方拟对华2 000亿美元商品加征关税的清单中几乎涵盖全部橡胶制品，美国对华乘用车和轻卡轮胎"双反"第一次行政复审终裁认定存在倾销及补贴行为、对进口自中国等国橡皮筋发起"双反"立案调查，欧盟对华卡客车胎征收反倾销税，青岛保税区橡胶库存和上海期货交易所仓单库存仍维持历史高位，国内重卡产销量同比、环比均大幅下滑等。

8月下旬至12月底，天然橡胶市场价格在低位震荡。主要原因：中美贸易关系缓和、泰国提出90亿铢补贴30万户胶农及购买10万吨橡胶储备方案，东南亚主产区降雨偏多影响割胶，下游轮胎企业开工率恢复正常等利多因素和国内终端车市需求疲软，汽车产销量双双下滑幅度显著，重卡销量连续4个月同比下滑，轮胎出口量下滑等利空因素综合影响（图6）。

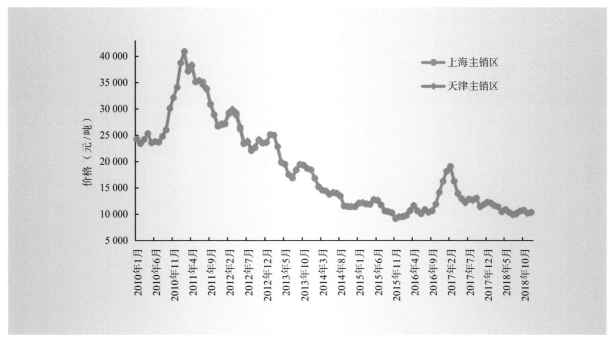

图 6  2018 年国内主销区天然橡胶价格走势

2018 年，国产标准胶（SCRWF）上海市场平均价格为 10 779 元 / 吨，同比下降 3 154 元，最高价为 12 500 元 / 吨，最低价为 9 800 元 / 吨；青岛市场平均价格为 10 764 元 / 吨，同比下降 3 149 元，最高价为 12 400 元 / 吨，最低价为 9 900 元 / 吨；天津市场平均价格为 10 750 元 / 吨，同比下降 3 097 元，最高价为 12 400 元 / 吨，最低价为 9 700 元 / 吨（图 7）。

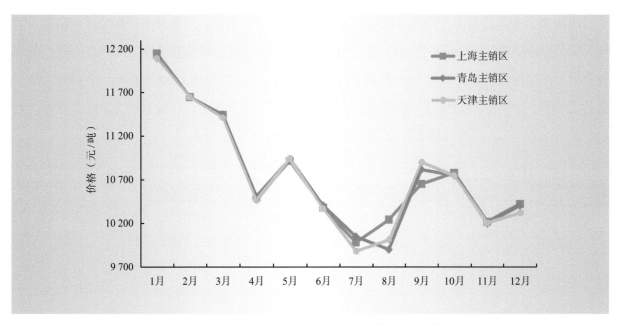

图 7  2010—2018 年国内主销区天然橡胶价格走势

### 2. 天然橡胶（含混合胶）进口量基本持平

据中国海关统计，2018 年我国天然橡胶进口量为 259.6 万吨，同比下降 7.1%，进口额为 36.1 亿美元，同比下降 26.6%，进口均价为 1 389.4 美元 / 吨，同比下降 21.1%；混合橡胶进口量为 295.0 万吨，同比增长 7.2%，进口金额为 42.5 亿美元，同比下降 12.0%，进口均价为 1 439.4 美元 / 吨，同比下降 17.9%（图 8）。

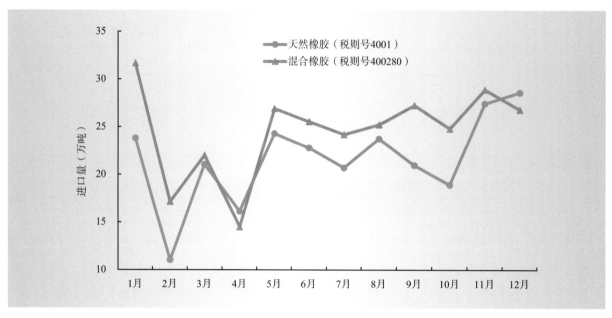

图 8　2018 年各月天然橡胶和混合橡胶进口走势

2018 年，中国进口天然橡胶的进口贸易方式主要为一般贸易、进料加工、保税区仓储转口货物、海关特殊监管区域与境外之间进出的进料加工货物与海关特殊监管区域与境外之间进出的物流货物，进口量分别为 94.2 万吨、77.0 万吨、28.1 万吨、21.2 万吨与 15.5 万吨，分别占总进口量的 36.3%、29.7%、8.2% 和 6.0%。进口混合橡胶的贸易方式中，一般贸易为 253.8 万吨，占进口总量的 86.0%，通过边境小额贸易、进料加工等方式也有少量进口（表 3）。

**表 3　2018 年中国进口天然橡胶和混合橡胶的主要贸易方式**

| 贸易方式 | 天然橡胶 | | 混合橡胶 | |
|---|---|---|---|---|
| | 进口量（万吨） | 占比（%） | 进口量（万吨） | 占比（%） |
| 一般贸易 | 94.2 | 36.3 | 253.8 | 86.0 |

（续表）

| 贸易方式 | 天然橡胶 | | 混合橡胶 | |
|---|---|---|---|---|
| | 进口量（万吨） | 占比（%） | 进口量（万吨） | 占比（%） |
| 进料加工（对口合同） | 77.0 | 29.7 | 16.3 | 0.6 |
| 保税区进出境仓储转口货物 | 28.1 | 10.8 | 22.8 | 7.7 |
| 海关特殊监管区域与境外之间进出的进料加工货物 | 21.2 | 8.2 | 4.9 | 0.2 |
| 海关特殊监管区域与境外之间进出的物流货物（包括物流货物及仓储货物） | 15.5 | 6.0 | 8.4 | 2.9 |

据测算，2018 年我国天然橡胶自给率约为 15.0%，连续 6 年自给率不足 20%，且进口来源主要为泰国，存在一定风险。2018 年，中国天然橡胶前 5 大进口来源国分别为泰国、马来西亚、印度尼西亚、越南和缅甸，进口量分别为 152.2 万吨、31.7 万吨、26.8 万吨、20.2 万吨和 12.2 万吨，占比分别为 58.7%、12.3%、10.3%、7.8% 和 4.7%。中国混合橡胶前五大进口来源国为泰国、越南、马来西亚、印度尼西亚和柬埔寨，进口量分别为 150.6 万吨、80.9 万吨、47.2 万吨、13.3 万吨、1.2 万吨，占比分别为 51.1%、27.4%、16.0%、4.5% 和 0.4%（表 4）。

**表 4　2018 年天然橡胶和混合橡胶前 5 大进口来源国**

| 排序 | 天然橡胶 | | | 混合橡胶 | | |
|---|---|---|---|---|---|---|
| | 国别 | 进口量（万吨） | 占比（%） | 国别 | 进口量（万吨） | 占比（%） |
| 1 | 泰国 | 152.2 | 58.7 | 泰国 | 150.6 | 51.1 |
| 2 | 马来西亚 | 31.8 | 12.3 | 越南 | 80.9 | 27.4 |
| 3 | 印度尼西亚 | 26.8 | 10.3 | 马来西亚 | 47.2 | 16.0 |
| 4 | 越南 | 20.2 | 7.8 | 印度尼西亚 | 13.3 | 4.5 |
| 5 | 缅甸 | 12.2 | 4.7 | 柬埔寨 | 1.2 | 0.4 |

### 3. 天然橡胶消费量基本持平

2018 年，受中美贸易战和美国、欧盟、巴西等对我国轮胎开展"双反"调查，我国轮胎出口形势不容乐观。另外，国内轮胎加工企业受环保、生产成本等因素影响，纷纷转移至东南亚国家设厂，其他天然橡胶消费领域未有明显增加，我国天然橡胶消费量基本与去年持平。2018 年，全年天然橡胶表观消费量为 634.8 万吨，同比增长 0.1%；基本消费量为 429.3 万吨，同比增长 3.6%（图 9）。

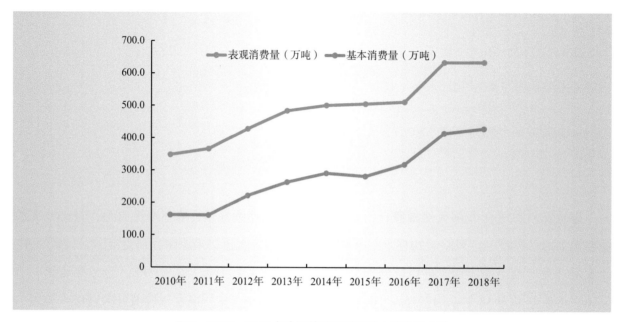

图 9　2009—2018 年中国橡胶表观和基本消费量走势

注：表观消费量 = 产量 + 天然橡胶进口量 + 混合胶进口量 – 天然橡胶出口量 – 混合胶出口量；基本消费量 = 产量 + 天然橡胶进口量 + 混合胶进口量 – 天然橡胶出口量 – 混合胶出口量（进出口贸易方式均为一般贸易）

### （三）产业支持政策

**1. 天然橡胶主产省加快推进生产保护区划定工作**

根据《农业部、国土资源部、国家发展改革委关于做好粮食生产功能区和重要农产品生产保护区划定工作的通知》要求，拟在云南、海南和广东省分别划定 900 万亩、840 万亩、60 万亩天然橡胶生产保护区。2018 年，划定工作全面铺开，各省成立领导小组、建立联席会议制度，农业农村部门落实专门经费、多次开展培训并进行联合督导，截至 12 月，三省分别划定保护区面积 45 万亩、181.6 万亩、59.2 万亩，预计于 2019 年 6 月完成保护区划定工作。

**2. 财政部调整出口退税率和进口关税**

9 月 5 日、10 月 22 日，财政部、税务总局两次发布通知，自 2018 年 11 月 1 日起提高部分产品出口退税率，其中轮胎、橡胶管带、橡胶制品等产品出口退税率由 9% 提高到 13%，天然橡胶、合成橡胶等原材料出口退税率由 5% 提高到 10%。12 月 25 日，财政部发布了《2019 年进出口暂定关税等调整方案》，将从 2019 年 1 月 1 日起对部分商品的进出口关税进行调整。其中，对加入亚太贸易协定国家的烟胶片、其他初级形态天然橡胶只征收 17% 的进口关税。

**3. 海南省天然橡胶收入保险初见成效**

海南省出台了《2018 年海南省农业保险工作实施方案》，支持民营胶园开展价格（收入）保险，省级财政补贴 30%，各市级财政补贴 30% 以上，10 月，首单投保的琼中黎族苗族自治县营根镇新市村的 33 户胶农，共获得人保财险琼中支公司支付的赔款 1.7 万元；白沙黎族自治县打安镇可程村 156 位胶农收到人保财险海南省分公司的赔款，总金额达 17 万多元。支持海胶集团开展收入保险试点，保险费由海胶集团自缴 60%，省财政补贴 40%，根据《海胶集团 2018 年橡胶收入保险项目保险协议书》约定，2018 年 8 月 13 日至 2018 年 12 月 31 日因价格波动触发保险赔付条件，经公司与中国人民财产保险股份有限公司海南省分公司、中国太平洋财产保险股份有限公司海南分公司查勘定损，截至 12 月赔付款项已全部到账。

**4. 云南省启动天然橡胶"保险＋期货"试点项目**

6 月，由中信建投期货联合人保财险云南省分公司、重庆商社化工下属橡胶加工厂，在国家级贫困县云南勐腊县成功启动天然橡胶"保险＋期货"精准扶贫试点项目。目前，该项目规模为 1 000 吨，创新性采用"现货保底收购＋保险＋期货"模式，由重庆商社化工给胶农定保底收购价，比市场价溢价约 10% 保底收购，再通过购买保险公司的价格保险，规避价格下跌风险，保险公司则通过期货公司风险管理公司的场外期权转移风险。

**（四）科研进展**

**1. 基础研究方面**

中国热带农业科学院橡胶研究所（以下简称"热科院橡胶所"）在橡胶树的功能基因组学研究取得进展，对橡胶树低温胁迫、低温应答机制等方面的分子机制进行阐述解析。

**2. 胶水保存方面**

海南中投无氨橡胶投资有限公司研发的无氨保鲜剂及天然橡胶乳生物固化剂已经成功批量生产。无氨保鲜剂是一种以纳米技术复合配方的生物制剂，在天然橡胶乳起到抑菌、杀菌、保湿和增加天然橡胶干含量的作用，是氨水保鲜方法的代替品。天然橡胶乳生物固化剂使橡胶乳固化快、颜色不变、强度增加，且无毒副作用，是甲酸或硫酸的代替品、它解决了橡胶废水污染问题。

**3. 割胶机械方面**

海胶集团全自动智能割胶系统技术测试演示在红光分公司橡胶园举行，该项目由海胶集团与青岛中创瀚维精工科技有限公司联合研发，目前已取得阶段性成果。

**4. 栽培技术方面**

海胶集团与热科院合作，种植了首批热研 7-33-97 组培苗，定植仅 6 年半即顺利开割，预计增产约 30%。

### 5. 宏观经济研究方面

热科院橡胶所在橡胶种植年份及土地来源监测研究取得重要突破，通过开发基于土地利用变化的橡胶林种植时间遥感识别算法，获得了海南岛完整的橡胶林种植时间及土地来源空间分布图。

## 三、天然橡胶产业发展存在的主要问题

### （一）政策支持不足

无论是与东南亚等其他天然橡胶主产国，还是与国内棉花、糖料、油料等其他重要的大宗农产品相比，我国天然橡胶产业扶持保护力度明显不足。一是针对性的中央财政扶持政策少。目前中央财政支持的主要为自然灾害保险保费补贴和国家公益林补贴，因政策调整，之前的天然橡胶良种繁育补贴已不单列，定植抚育补贴已取消，更没有类似国外胶农生活补贴、抚育期全面补贴和国内棉花目标价格补贴、大豆生产者补贴、糖料蔗储备亩均数百元的收储补贴等其他支持政策。另外，电动割胶刀等机械设备一直未能纳入农机补助目录，价格超出胶农承受范围，胶农购买意愿不强，推广应用缓慢。二是中央财政支持标准低。目前每年中央财政自然灾害保险保费补贴支出约为 1.5 亿元，公益林补贴支出约为 5 000 万元，合计仅为 2.0 亿元，天然橡胶亩均中央财政投入标准远低于其他重要农产品。三是很多政策难以惠及民营胶。因民营胶以农户种植为主，普遍存在小而散、风险意识差等问题，保险公司承保意愿和农户投保意愿都不高，财政投资项目对民营胶的立项支持少，民营胶政策覆盖率普遍较低。较低的扶持保护力度，加之国内外成本差异巨大和市场行情低迷的现状，使国内天然橡胶生产面临成为另一个"大豆"的风险。

### （二）生产积极性跌入低谷

2018 年天然橡胶市场价格仍在低位徘徊，且已连续 5 年跌破成本价，植胶企业和胶农入不敷出，生产积极性受到严重打击，产业正面临前所未有的困难。一是植胶积极性已基本丧失。全国各地已基本没有新植扩增橡胶面积，老龄残次、低产低质胶园更新也基本停滞，树龄结构老化问题凸显，以海胶集团为例，目前树龄 30 年以上的胶园有 110 万亩，占总面积的 31.2%。二是胶园管理水平大幅下滑。非生产期胶园抚管严重不足，橡胶树生长缓慢，素质差，开割期推后；已开割胶园管理不到位，民营胶基本放弃冬管，有的甚至撂荒，国营胶也仅能维持最基本的投入，产能严重下滑。三是时割时停现象突出。胶价过低，胶农割胶收入难以维持生活支出，积极性受挫，纷纷选择另谋出路，割胶成为副业，实际割胶天数不足正常的七成，部分胶农甚至外出务工，不再从事割胶。

### （三）产业链各环节短板明显

近年来，天然橡胶产业不景气，企业以维持基本运营为主，没有更多资金投入产业革新发展中，产业进步不明显，短板问题依旧长期存在。一是种植环节组织化程度低。国内民营胶园大多以分散经营为主，组织化、规模化和标准化生产水平低，抵御自然灾害和市场风险能力较弱。农垦胶园很多都已承包到户，组织化、规模化优势未能发挥出来。二是初加工企业环保不达标。国内加工企业普遍存在小、多、散的问题，企业整体实力弱，竞争力不强，生产设备老化、工艺技术落后，能耗高、环保不达标。三是龙头企业培育不足。国内天然橡胶企业多聚焦在产业链单一环节或几个环节，缺乏一体化运营、全产业链均衡发展的龙头公司。三大农垦企业虽然在全产业链发展上走在全国前列，但各环节板块发展不均衡、不配套，无法集中资源和资金优势，对资本运作、仓储物流、精深加工、副产物综合利用开发等薄弱环节进行补强，对全产业链和把控能力不够，"两个市场、两种资源"的掌控运用能力不强，这与具有国际竞争力的跨国企业的要求相去甚远。

### （四）混合胶漏洞愈演愈烈

自混合橡胶（海关编码 400280）成为零关税进口天然橡胶的新漏洞以来，进口量一直在持续增长。2018 年进口混合橡胶 295 万吨，同比增长 7.07%，首次超过天然橡胶进口量，且绝大多数是通过一般贸易方式进口，变相规避了缴纳进口税，每年关税损失超过 40 亿元，严重破坏了天然橡胶贸易保护制度，拉低国内天然橡胶市场价格，损害了植胶企业和胶农的切身利益。

## 四、天然橡胶产业发展展望

### （一）天然橡胶生产基本稳定

植胶面积：胶价持续低迷，胶农对新植橡胶积极性不高，几乎无新增面积。同时，橡胶树砍伐受林业采伐政策限制，加之天然橡胶生产保护区配套利好政策陆续出台，橡胶收入（价格）保险实施范围逐步扩大，植胶者的生产积极性有所恢复，砍胶改种面积亦不多。因此，预计 2019 年天然橡胶种植面积将保持稳定。2011 年前后大量扩种的橡胶树进入开割期，而老龄胶园更新改造积极性不高，因此，2019 年天然橡胶收获面积仍将保持增加态势。

产量：近年来，全国天然橡胶收获面积持续增大，产能释放处于高峰期，且海南部分地区实施天然橡胶收入（价格）保险试点，提高了当地胶农的割胶积极性，该区域产量将有所提升。但大部分地区未实施天然橡胶收入（价格）保险政策，由于胶价低迷，胶农割胶意愿普遍不高，产量将下滑。综合判断，2019 年天然橡胶产量将稳中微降。

### （二）市场价格将在低位持续震荡

2019年，从世界看，全球天然橡胶仍处于产能释放高峰期，若无重大自然灾害，原料供应将处于偏宽松状态，从国内看，天然橡胶产量将基本维持稳定，上期所和青岛保税区橡胶库存处于高位，下游轮胎企业受中美贸易战、双反调查等影响，开工率难以维持高位，原料胶采购和储备积极性不高，合成橡胶与天然橡胶价差大幅缩小，天然橡胶替代性降低，天然橡胶消费难有大的起色，混合橡胶行业标准预计年内仍无法实施，利用混合橡胶途径零关税进口天然橡胶的态势将持续。综上所述，2019年天然橡胶供大于求的基本面没有改观迹象，但目前胶价已明显低于生产成本，继续大幅下跌的空间有限，预计2019年天然橡胶市场价格将在低价区域震荡。

## 五、天然橡胶产业发展建议

### （一）加强天然橡胶政策支持

天然橡胶关乎国家战略资源安全和国计民生，为中央事权财政支出范围，建议国家进一步加大对天然橡胶产业的支持力度，稳定植胶者生产积极性。一是提高现有天然橡公益林财政补贴标准。天然橡胶林是世界公认最好的热区人工生态系统，建议加大天然橡胶公益林中央财政补贴资金投入，更好发挥天然橡胶的生态功能。二是做好天然橡胶生产保护区支持政策顶层设计。天然橡胶生产保护区划定规定2019年年底前必须完成，下一步就要进入建设阶段，时间紧，任务重，国家需要强化顶层设计，统筹做好配套政策制定，在基地建设、产业奖补、技术推广等方面给予财政支持，确保天然橡胶产业健康稳定发展。三是加快《天然橡胶资源保护条例》立法进程。尽早将天然橡胶资源保护列入立法计划，加快《天然橡胶资源保护条例》立法进程，以法律法规形式将天然橡胶支持保护政策固定下来。四是探索开展中央财政支持的天然橡胶收入保险试点。2018年海南省正式实施天然橡胶收入保险试点，取得了良好效果，建议将此险种纳入中央财政保险保费补贴范畴，支持海南继续深入探索实践，总结经验，条件成熟后推广至全国其他产胶区。五是将电动割胶刀纳入农机具补助目录。建议财政对购买电动割胶刀的胶农给予适当补贴，推动电动割胶刀大面积应用，降低割胶技术门槛，减轻割胶劳动强度，提高生产效率。

### （二）补强产业关键环节短板

建议天然橡胶从业各方充分抓住窗口期，加快补齐短板，推动技术革新、模式革新，提高生产效率，降低生产成本，转危为机，实现产业转型升级、提质增效，为产业长远健康发展蓄力。一是加快农业新型经营主体培育。建议将分散的橡胶园组织起来，发展适度规模经营，提升主动适应市场的能力。鼓励发展割胶、航空植保、生产资料统购统销等专业化社会服务公司。大力推广新割制、林下种养等新技术新模式。二是加快推动企业重组并购。建议加大环保督查，淘汰落后产能，关停小微和环保不达标加工企业，推动企业间重组并购，引进先进生产线，丰富产品类别，加大环保投入，提高企业整体实力和竞争力。三是加快培育具有国际竞争力的龙头公司。长期低迷的胶价为天然橡胶企业带来了全球并购机遇期，鼓励海胶、广垦、云胶等国内有实力的企业，加快"走出去"步伐，积极收购海外优质资产，加快整合重组，提高"两个市场、两种资源"的掌控运用能力。同时，补齐发展短板，打造一体化运营、全产业链均衡发展的、具有国际竞争力的跨国龙头企业。

**（三）加大天然橡胶关税保护力度**

建议尽快制定出台混合橡胶国家标准，规定混合橡胶中天然橡胶含量不超过 50%，同时将混合橡胶列入《出入境检验检疫机构实施检验检疫的进出境商品目录》管理，堵住零关税大量进口天然橡胶的漏洞，切实发挥关税保护国内天然橡胶产业的作用。另外，加强国际贸易壁垒研究，合理运用国际规则，建立和完善天然橡胶贸易救济、援助机制。

# 2018 年荔枝产业发展报告

## 一、世界荔枝产业概况

### （一）世界荔枝生产情况

荔枝原产于中国，目前荔枝生产国主要有中国、印度、越南、泰国、马达加斯加、南非、尼泊尔、澳大利亚、墨西哥、孟加拉国、以色列等国家。种植面积 20 万亩以上的有中国、印度、越南、泰国和马达加斯加等 5 个国家，其中，中国（统计数据不含中国港澳台地区）、印度、越南三个国家约占世界种植面积的 92% 以上，产量的 93% 以上。

据主产国官方统计数据和相关文献估算，2018 年世界荔枝总面积约 1 120 万亩，同比下降6.43%。其中，中国种植面积 769.77 万亩，印度 139.50 万亩，越南 126.60 万亩，泰国 24.22 万亩，马达加斯加 20 万亩，分别占世界的 68.75%、12.46%、11.31%、2.16%、1.79%，其他国家占 3.53%。

2018 年，世界荔枝总产量约 426.45 万吨，同比增长 25.12%。荔枝主产国家产量情况分别为：中国 260.76 万吨，印度约 70 万吨，越南约 65 万吨，马达加斯加 10 万吨，泰国约 4 万吨，墨西哥约 2 万吨，尼泊尔约 1.4 万吨，南非约 1 万吨，其他国家合计约 12 万吨。其中产量居于前五位国家分别占世界总产量的情况为：中国 61.15%，印度 16.41%，越南 15.24%，马达加斯加 2.34%，泰国 0.94%（图 1）。

以色列、印度、越南等国家单产水平超过 400 千克/亩，中国平均单产为 373.97 千克/亩，同比增长 16.27%。根据目前能系统收集到的荔枝主产国数据，具体分析中国、印度、越南和泰国 2005—2018 年荔枝产量的变动趋势见图 2。

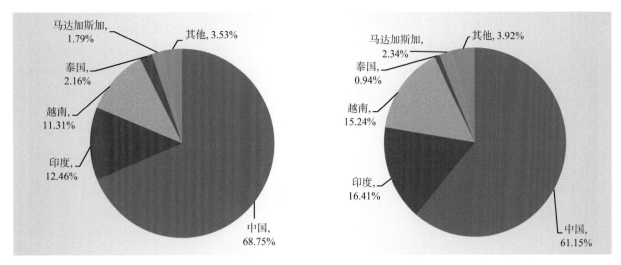

图 1  2018 年世界荔枝主产国种植面积和产量构成

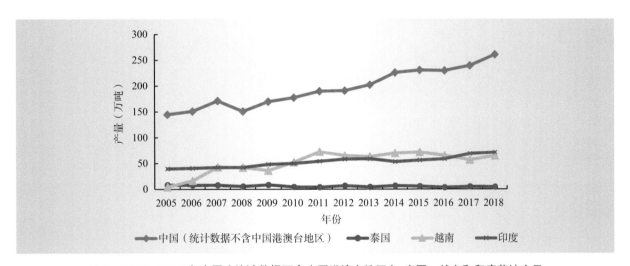

图 2  2005—2018 年中国（统计数据不含中国港澳台地区）、泰国、越南和印度荔枝产量

数据来源：泰国农业合作部；印度国家园艺协会；越南总统办公室统计处；中国国家统计局（2017 年、2018 年数据为农业农村部农垦局统计数据）

中国荔枝年产量除个别年份自然灾害造成较大幅度波动外，总体上呈逐年平稳增长趋势，年均增长率为 4.64%。印度 2005—2013 年荔枝产量呈逐年上升趋势，但 2014 年同比下降 9.74%，2015 年后逐渐回升，年均增长率为 4.77%，2018 年荔枝产量创历史新高；越南荔枝产量总体上呈现稳步增长趋势，年均增长率为 24.74%，2018 年同比增长 25.00%；泰国荔枝产量较少，总体上呈小幅下滑趋势，年均增长率为 −3.96%。

**（二）世界荔枝贸易情况**

世界荔枝主要以鲜果进入销售市场，加工比例较小。荔枝作为热带、亚热带水果，受上市期集中、保鲜难度大、货架期极短以及消费偏好等影响，消费以本地市场为主，国际贸易量很小。

据估算，2018 年鲜果国际贸易量约 13 万吨，占总产量的 3% 左右。

以鲜荔枝出口为例，2018 年越南出口约 7.5 万吨，马达加斯加出口 2.50 万吨，中国（统计数据不含中国港澳台地区）出口 1.63 万吨、中国台湾地区出口 0.06 万吨，南非出口 0.68 万吨，泰国出口 0.21 万吨，印度出口 0.02 万吨。

通过对 2005—2018 年部分荔枝主产国家和地区的年出口量变化情况监测分析（图 3），泰国和印度荔枝的出口量波动幅度均较大，且呈周期性波动下滑趋势，年均增长率分别为 –13.41% 和 –13.31%。中国（统计数据不含中国港澳台地区）2005—2018 年出口总体呈逐年上升趋势（图 3）。

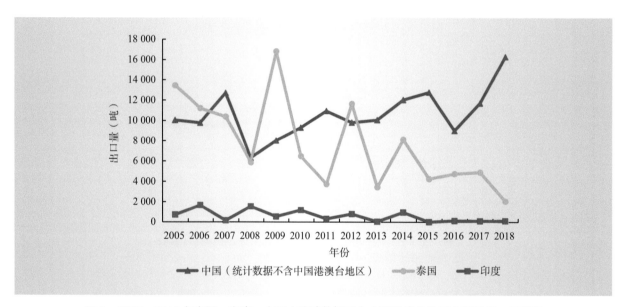

图 3　2005—2018 年泰国、印度、中国（统计数据不含中国港澳台地区）荔枝出口量情况

数据来源：泰国农业经济办公室；中国海关统计网；印度经济与贸易部

# 二、中国荔枝产业基本情况

## （一）生产情况

### 1. 种植面积

据农业农村部农垦局统计，2018 年，全国荔枝种植面积 769.77 万亩，同比下降 8.32%。其中，广东 369.00 万亩、广西 302.32 万亩、四川 34.45 万亩、海南 30.63 万亩、福建 23.11 万亩、云南 9.56 万亩、贵州 0.70 万亩，分别占全国总面积的 47.94%、39.27%、4.48%、3.98%、3.00%、1.24%、0.09%。除海南和广西种植面积相对稳定，其他荔枝产区种植面积同比均有

不同程度的下滑，其中，福建下降 43.35%，云南下降 17.37%，广东下降 10.28%，贵州下降
77.56%（图 4）。全国荔枝收获面积 697.27 万亩，同比下降 6.33 %。

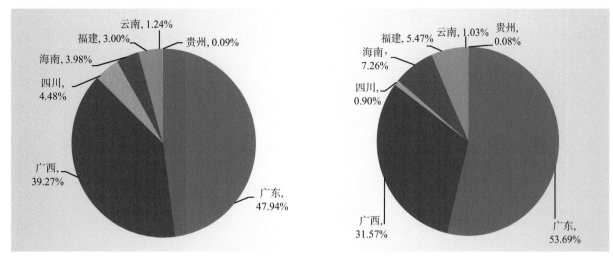

图 4　2018 年中国荔枝主各产区面积（左）和产量（右）构成

### 2. 总产量

据统计，2018 年，全国荔枝总产量为 260.76 万吨，同比增加 8.91%。其中，广东 140.00 万
吨、广西 82.31 万吨、海南 18.94 万吨、福建 14.27 万吨、云南 2.69 万吨、四川 2.35 万吨、贵州
0.20 万吨，分别占全国总产的 53.69%、31.57%、7.26%、5.47%、1.03%、0.90%、0.08%（图 4）。

从产量同比情况看，除福建下降 22.59%，贵州下降 80.39% 外，其他荔枝产区均有较大幅
度的增产，其中广西增幅为 20.83%，海南增幅为 19.87%，四川增幅为 18.69%，广东增幅为
6.46%，云南增幅为 8.51%。

全国平均单产为 373.97 千克 / 亩，同比增长 16.27%。其中，海南 687.23 千克 / 亩，福建
662.49 千克 / 亩，云南 517.31 千克 / 亩，广东 400.00 千克 / 亩，广西 296.28 千克 / 亩，四川
285.71 千克 / 亩（图 5）。

### 3. 总产值

据统计，2018 年，全国荔枝总产值为 133.99 亿元，同比下降 28.53%。其中，广东 70.00
亿元、广西 31.46 亿元、海南 15.16 亿元、四川 9.73 亿元、福建 5.71 亿元、云南 1.83 亿元、
贵州 0.10 亿元，分别占全国总产值的 52.24%、23.48%、11.31%、7.26%、4.26%、1.37%、
0.07%。从同比情况看，除四川增长 1.73% 外，其他荔枝产区均有不同幅度的减产，其中贵州
降幅为 89.79%，广东降幅为 40.84%，云南降幅为 30.57%，福建降幅为 22.60%，海南降幅为
14.19%，广西降幅为 10.95%（图 6）。

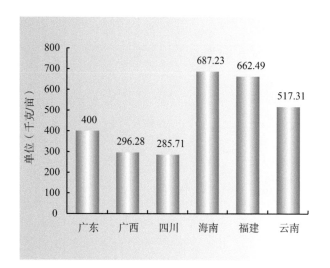

图5　2018年中国荔枝主各产区单产

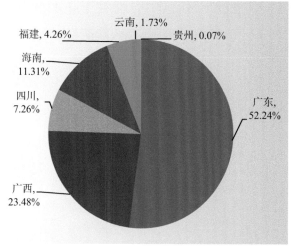

图6　2018年中国荔枝主各产区产值分布

### 4. 主栽品种情况 [①]

2018年，按产量排名前十名的品种有黑叶、妃子笑、怀枝、桂味、白糖罂、白腊、鸡嘴荔、三月红、双肩玉荷包、糯米糍等，种植面积合计为513.24万亩，占总种植面积的66.67%。其中，黑叶面积为147万亩，占19.10%，妃子笑102.48万亩，占13.31%，怀枝70.02万亩，占9.10%，桂味63.41万亩，占8.24%，白糖罂19.55万亩，占2.54%，双肩玉荷包24.98万亩，占3.25%，鸡嘴荔24.68万亩，占3.21%，白蜡22.85万亩，占2.97%，糯米糍22.49万亩，占2.92%，白糖罂19.55万亩，占2.54%，三月红15.78万亩，占2.05%（图7）。

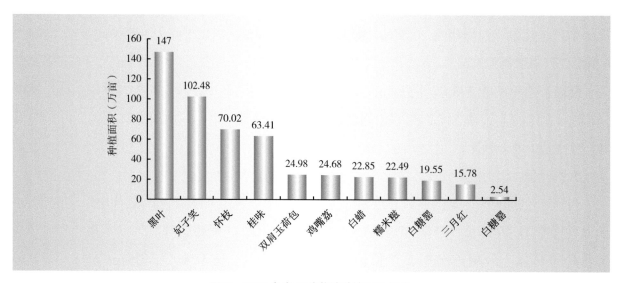

图7　2018年各品种荔枝种植面积构成

---

① 根据国家荔枝龙眼产业技术体系综合试验站上报数据整理

前 10 名的荔枝品种产量合计为 191.48 万吨，占荔枝总产量的 73.43%。其中产量达 20 万吨以上的品种有黑叶、妃子笑、怀枝和桂味，分别占总产量的 18.88%、17.84%、10.75% 和 8.78%。其他品种白糖罂占 3.75%，白蜡占 3.62%，鸡嘴荔占 3.55%，糯米糍占 3.07%，双肩玉荷包占 1.92%，三月红占 1.29%。

### （二）加工情况[①]

荔枝加工企业主要分布在广东的茂名、广州、揭阳和惠州，广西的北海、贵港以及福建漳州等地。据调查，加工企业已形成超过 40 万吨荔枝的加工能力，主要产品有荔枝干、荔枝罐头、荔枝酒、荔枝汁（包括混合饮料）等。

2018 年，中国荔枝加工原料总消耗量约 17 万吨，其中，加工荔枝罐头消耗鲜荔枝 5 万吨，加工荔枝干消耗鲜荔枝 12 万吨。荔枝鲜果加工量约占荔枝产量的 6.52%，同比增长 2.34%。从加工主体看，规模加工企业加工量为 9 万吨，占 52.94%，小微企业和农户加工量为 8 万吨，占 47.06%。

### （三）产业经营主体现状

荔枝生产经营主体形式相对稳定。据广东、广西和海南等主产区抽样调查的结果分析，传统农户在中国荔枝生产中仍占五成以上，种植面积小于 30 亩；专业大户种植面积 30~60 亩，约占总户数的 25%；家庭农场荔枝种植面积一般为 60~100 亩，约占总户数的 15%；企业荔枝种植面积大于 100 亩，不到总户数的 10%。企业具有规模优势，且注重标准化生产、品种改良、产品加工，重视产品认证和品牌营销，同时采用新技术和新设备的积极性高。

## 三、中国荔枝市场形势分析

### （一）市场动态

#### 1. 荔枝综合平均价格变动情况

从中国荔枝年度综合价格变动情况看（表 1），2018 年，荔枝综合地头价为 7.64 元 / 千克，综合收购价为 4.31 元 / 千克，综合批发价为 10.53 元 / 千克，综合零售价为 16.13 元 / 千克。荔枝地头价、收购价、批发价和零售价同比出现较大幅度下降，分别下降了 39.32%、58.52%、24.35% 和 23.77%。荔枝价格同比大幅下滑的主要原因是 2018 年荔枝产量超过 300 万吨创历史新高，加之海南北部与广东湛江产区的荔枝上市期重叠，出现上市初期价格高开后短期内就转向快速回落。此外，2017 年荔枝综合地头价格和综合零售价均达到 2013 年以来的新高，2018 年同比下降幅度创历史之最。

---

① 根据加工岗位专家胡卓炎教授提供数据整理

| 表 1 | | 2013—2018 年中国荔枝年度综合价格 | | | | | |

（单位：元／千克）

| 价格类别 | 2013 年 | 2014 年 | 2015 年 | 2016 年 | 2017 年 | 2018 年 | 同比增长 |
|---|---|---|---|---|---|---|---|
| 综合地头价 | 9.20 | 6.85 | 6.57 | 11.62 | 13.06 | 7.64 | −39.32% |
| 综合收购价 | 7.38 | 4.67 | 5.18 | 10.5 | 9.96 | 4.31 | −58.52% |
| 综合批发价 | 11.12 | 10.35 | 8.45 | 14.47 | 13.70 | 10.53 | −24.35% |
| 综合零售价 | 20.55 | 16.57 | 11.91 | 18.62 | 22.37 | 16.13 | −23.77% |

资料来源：根据国家荔枝龙眼产业技术体系价格监测信息系统数据，将不同品种荔枝的当年产量作为权重，运用加权平均法计算当年荔枝的年度综合价格

注：综合地头价为综合包园价，综合收购价指经销商收购的价格

## 2. 荔枝主栽品种价格变动情况

2018 年，从主栽荔枝品种的价格同比变动情况看（表 2），受荔枝产量大幅增加的影响，主栽荔枝品种价格均出现明显下降，特别是桂味各环节价格下降幅度达 70% 左右。地头价和收购价下降幅度普遍大于批发价和零售价。从地头价看，降幅在 50% 以上的品种依次为桂味、糯米糍、鸡嘴荔、黑叶和白蜡；从收购价看，降幅在 50% 以上的品种依次为桂味、糯米糍、鸡嘴荔、白糖罂和白蜡；从批发价看，降幅在 50% 以上的品种依次为桂味、糯米糍和三月红；从零售价看，降幅在 50% 以上的品种依次为桂味和糯米糍。

| 表 2 | | 2018 年中国主栽荔枝品种市场价格同比变动情况 | | |

| 品种 | 地头价变动（%） | 收购价变动（%） | 批发价变动（%） | 零售价变动（%） |
|---|---|---|---|---|
| 黑叶 | −56.14 | −48.48 | −29.77 | −27.08 |
| 妃子笑 | −33.79 | −43.40 | −15.35 | −19.29 |
| 怀枝 | −16.43 | — | −10.17 | 11.00 |
| 桂味 | −78.30 | −78.92 | −62.23 | −70.07 |
| 白糖罂 | −36.34 | −58.70 | −2.93 | −18.50 |
| 白腊 | −52.74 | −55.46 | −40.63 | −38.41 |
| 鸡嘴荔 | −70.00 | −65.71 | −47.69 | −38.17 |
| 三月红 | −3.44 | −31.98 | 54.56 | −4.40 |
| 糯米糍 | −74.96 | −77.06 | −57.38 | −60.79 |
| 双肩玉荷包 | −43.33 | — | — | — |

注：数据均来源于国家荔枝龙眼技术产业体系各综合试验站

### （二）进出口情况

#### 1. 贸易量

据中国海关统计（图 8），2018 年，中国荔枝进出口贸易量为 8.09 万吨，同比增长 53.63%。

2018 年，荔枝进口量 3.25 万吨，同比增长 130.52%，其中，鲜荔枝进口占绝大部分。荔枝出口量 4.84 万吨，同比增长 25.51%，其中，荔枝罐头是最主要的出口产品，出口量 3.21 万吨，占出口总量的 66.33%；其次是鲜荔枝，出口量 1.63 万吨，占出口总量的 33.64%；荔枝干出口量极少，仅有 16.57 吨。中国鲜荔枝贸易呈现净进口状况，荔枝罐头贸易则为净出口状况。

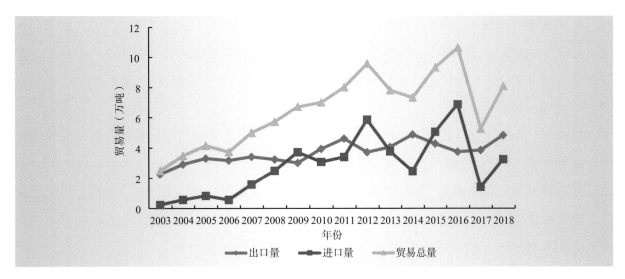

图 8　2003—2018 年中国荔枝进出口贸易量变动

数据来源：中国海关信息网

### 2. 贸易额

据中国海关统计（图 9），2018 年，中国荔枝贸易总额为 9 856.65 万美元，同比增长 27.02%。

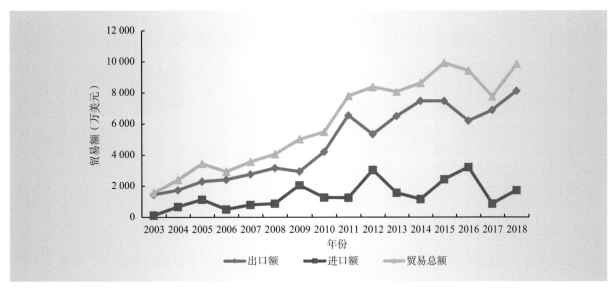

图 9　2003—2018 年中国荔枝进出口贸易额变动

数据来源：中国海关信息网

2018 年，荔枝进口总额 1 731.54 万美元，同比增长 100.91%，其中，鲜荔枝 1 728.59 万美元、荔枝罐头 2.95 万美元。荔枝出口总额 8 125.11 万美元，同比增长 17.79%，其中鲜荔枝 4 387.64 万美元、荔枝罐头 3 729.47 万美元；荔枝干出口额极小，仅占 0.01%。从贸易额看，荔枝净出口额为 6 393.57 万美元，说明荔枝贸易结构较为合理，加工制品出口占贸易额比重较大。

### 3. 主要进出口国

据中国海关统计，2018 年，中国从越南和泰国分别进口鲜荔枝 3.15 万吨和 0.1 万吨，占进口总量的 96.94% 和 3.06%；进口额分别为 1 614.24 万美元和 114.35 万美元，占进口总额的 93.98% 和 6.62%。

2018 年，中国（统计数据不含中国港澳台地区）鲜荔枝主要出口中国香港地区，其他重要出口地为美国、菲律宾、越南；出口量分别为 0.65 万吨，0.33 万吨、0.18 万吨、0.14 万吨，占出口总量的 39.9%，19.98%、11% 和 8.33%。荔枝罐头主要出口到马来西亚、法国、印度尼西亚、荷兰和墨西哥，出口量分别为 1.3 万吨、0.43 万吨、0.25 万吨、0.23 万吨和 0.12 万吨，占出口总量的 42.31%、13.87%、8.18%、7.39% 和 3.94%（图 10）。

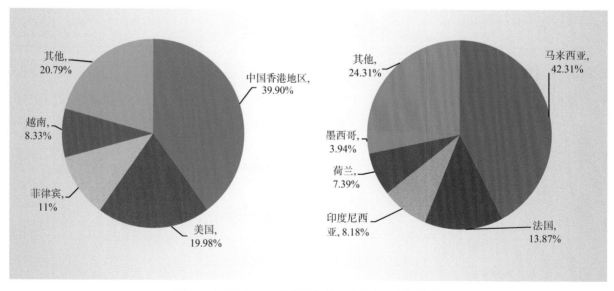

图 10　2018 年中国鲜荔枝和荔枝罐头出口市场构成

### 4. 进出口价格

据中国海关统计数据计算，中国鲜荔枝进口平均价格在 2008 年以前波动较大，2008 年以后基本稳定在 400~600 美元/吨。2018 年价格小幅下跌，为 532.13 美元/吨，同比下降 12.13%（图 11）。

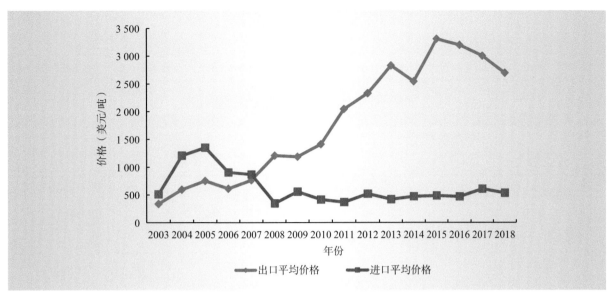

图 11　2003—2018 年中国鲜荔枝进出口价格变动

数据来源：中国海关信息网

中国鲜荔枝出口平均价格自 2004 年以来不断攀升，在 2015 年到达峰值 3 305.44 美元 / 吨后开始回落，2018 年略有下跌，出口平均价格为 2 694.85 美元 / 吨，同比下降 10.21%。进出口差价的原因是，鲜荔枝进口量的 95% 以上来自低价竞争的越南，而出口则集中在北美、东南亚等国家、中国港澳等地区。

## 四、中国荔枝产业效益分析

### （一）荔枝投入产出情况

从荔枝亩投入变动情况看，2018 年荔枝亩投入 2 109.40 元，同比增长 22.55%，主要原因是劳动力成本增长过快。调研资料显示，广东、广西主产区平均劳动力投入占生产成本的 69.50%。

2018 年，荔枝亩产值平均为 2 261.20 元，同比下降 23.87%，亩投入水平上升到 2011 年以来的历史新高（表 3）。

| 表 3 | 2011—2018 年荔枝投入产出情况 | | |
|---|---|---|---|
| 年份 | 投入（元 / 亩） | 产值（元 / 亩） | 投入产出比（%） |
| 2011 | 1 420.20 | 3 203.30 | 225.55 |
| 2012 | 1 613.90 | 3 823.90 | 236.94 |

（续表）

| 年份 | 投入（元/亩） | 产值（元/亩） | 投入产出比（%） |
|------|------------|------------|--------------|
| 2013 | 1 532.90 | 2 354.90 | 153.62 |
| 2014 | 1 822.00 | 3 095.00 | 169.87 |
| 2015 | 1 914.30 | 3 103.60 | 162.13 |
| 2016 | 1 772.50 | 3 847.50 | 217.07 |
| 2017 | 1 721.30 | 2 970.10 | 172.55 |
| 2018 | 2 109.40 | 2 261.20 | 107.20 |

数据来源：根据国家荔枝龙眼产业技术体系固定观察户成本收益调研数据整理

### （二）荔枝产业收益情况

基于固定观测户调研数据表明，在不考虑土地租金和固定资产投入的情况下，2018年荔枝种植者户均纯收入20 589.20元，明显低于2017年户均纯收入39 176.24元，降幅为47.44%；亩均产量从2017年的357.26千克增加到659.14千克，增长84.50%；2018年荔枝收购均价4.40元/千克，为2017年均价13.38元/千克的1/3。按地头价计算荔枝总产值为231.35亿元，同比减少5.38%；按收购价计算荔枝总产值为130.51亿元，同比减少35.32%。

2018年，根据十大主栽品种产量加权计算，按地头价计算中国荔枝综合平均亩产值为2 936.02元，比2017年减少19.90%。具体来看：亩产值增长的荔枝品种包括怀枝、桂味、糯米糍和三月红，其增幅依次为179.23%、138.63%、40.20%和27.66%；亩产值降低的荔枝品种包括黑叶、白糖罂、白蜡、鸡嘴荔、妃子笑和双肩玉荷包，其降幅依次为48.26%、38.89%、33.79%、29.09%、27.84%和24.07%。按收购价计算我国荔枝综合平均亩产值为1 670.20元，比2017年减少33.10%。具体情况为：妃子笑和糯米糍出现较大幅度的增长，增幅分别为59.6%和40.76%；桂味保持基本稳定，仅微降0.14%；白糖罂、白蜡、黑叶、鸡嘴荔和三月红出现较大降幅，分别为65.03%、51.08%、34.28%、26.82%和26.09%。

## 五、荔枝产业发展存在的主要问题和制约因素

### （一）产业发展特点

#### 1. 荔枝产量创历史新高，单产水平快速提升

统计数据显示，2013年以来种植规模基本稳定在800万亩左右。2018年中国荔枝产量突破了300万吨，创历史新高，相较2017年产量增幅达54.82%。荔枝单产则呈稳定上升态势，

2010—2016 年年均增长 4.73%，2018 年平均单产为 373.97 千克 / 亩，同比增长 16.27%，已接近以色列、南非和中国台湾地区等亩产 400 千克的水平。

**2. 荔枝示范园建设成效突出，示范引领作用显著**

2017 年，农业农村部荔枝标准化生产示范园联盟建立以来，进一步推动了荔枝示范园的技术进步和示范效应。2018 年，广东、广西、海南、福建、云南和四川等荔枝主产区共建设 55 个荔枝标准化生产示范园，面积达 6 254.5 亩。2018 年荔枝示范园平均单产为 768.91 千克 / 亩，同比增长 53.78%。示范园单产是全国荔枝单产的 2.06 倍。体系示范园利润为 2 344 元 / 亩，是周边果园的 1.88 倍。主要是荔枝品种结构调整、水肥一体化技术的应用以及果园管理水平高等综合因素作用的结果。荔枝示范园在果园先进技术应用、优良品种栽培、规模化和集约化经营等方面起到引领示范作用。

**3. 推广绿色高效技术，提高消费者信任溢价**

国家荔枝龙眼产业技术体系研发推广荔枝绿色生产与综合防控技术，建立了果园综合防控体系，通过害虫监测预警、统防统治措施、绿色防控技术和农药减量施用等配套措施，减少农药和杀虫剂的使用率。2018 年分别在广东惠州、东莞、深圳、从化、增城、南沙和广州城区，广西、云南等地进行了应用示范，防治效果良好。绿色生产与综合防控技术的推广应用将不断提升荔枝品质和产品安全，提高消费者信任溢价，同时减少农业面源污染。

**4. 荔枝销售渠道单一，新型销售方式前景可期**

近年追踪调研发现，荔枝产业销售渠道单一化特征明显。2018 年，广东和广西等地八成以上的荔枝是外地收购商和本地经销大户通过包园和地头收购等途径进行销售，这种交易方式交易双方的稳定性较弱，长期合作关系占比在 25%~35%，分散果农的议价能力弱，比较收益低，成为市场风险的主要承担者。近年随着农业电子商务的发展，B2C 电商销售平台如淘宝、京东、顺丰优选等开始销售荔枝。2018 年，线上平台有 225 家店铺销售鲜荔枝，销售均价明显高于线下销售均价，均价最高的荔枝品种为糯米糍。同时，线上线下以及多方跨界融合的"新零售"模式也将荔枝纳入明星产品之一，"盒马鲜生"成功打造"海口火山荔枝"品牌。菜鸟物流率先在广东茂名开设了全国首个生鲜原产地发货基地，以保障产地荔枝的全程冷链运输。京东物流为荔枝开通了航空专线，产地直发模式减少了中间环节，提升了配送的时效性，保障了荔枝品质。

**5. 荔枝产业引领乡村振兴，三产融合模式多样化**

荔枝产业出现了一批生产规模较大，服务能力较强，能引领三产融合的专业大户、家庭农场、专业合作社和农业企业等经营主体，也逐渐催生了多样化的产业融合模式，如荔枝生产与加工业、乡村旅游业、农村电子商务、科技创新技术、特色小镇建设和产业园区建设等融合，不仅延伸荔枝产业链，提升了价值链，也成为引领主产区乡村振兴的主导产业。

### （二）存在主要问题

#### 1. 荔枝增产不增收现象较为突出

全国平均单产为 373.97 千克／亩，同比增长 16.27%，但总产值同比下降 28.53%。调研数据显示，荔枝主产区广东、广西种植户亏损率达 24%，户均亏损 7 666.36 元。主要原因包括：一是荔枝需求弹性虽然相对于其他农产品较高，但荔枝产期集中，保鲜难度大，大量集中上市，易造成价格短缺内快速下滑；二是荔枝生产成本逐年增加，产量的增加不足以弥补边际成本上升和价格下降的损失；三是分销渠道单一无法承受短缺分销压力，难以满足扩大国内市场的需求。2018 年荔枝种植户纯收入普遍减少，增产不增收效应影响种植户的生产积极性。

#### 2. 荔枝种植者老龄化现象较为普遍

2018 年丰产不丰收，导致年轻农户种植积极性不高，老龄化趋势加剧。近两年调研数据分析表明，荔枝种植户普遍年龄偏大，55 岁以上约占 52%，其中，约有 18% 的种植户超过 65 岁以上，35 岁以下的从业者仅为 4%。老龄种植者虽然种植经验较为丰富，果园管理较为精细，但受教育程度较低，接受新技术的意愿和能力较弱，制约了产业素质提升。

#### 3. 荔枝产业链长期脱节导致综合竞争力弱

当今的农产品国内外市场竞争已经是全产业链的竞争。目前，贯穿于荔枝生产全过程、全方位的产前、产中和产后服务体系不健全，荔枝产业的市场体系建设滞后，多级经销商造成效率低且交易成本高；电子商务和新型物流业态尚处于起步阶段；生产和采后分级包装等标准化体系不健全；未重视荔枝出口基地和加工原料基地的建设等。荔枝产业研发和技术推广、生产和物流、销售和品牌建设等断链脱节将难以全面提升荔枝产业综合竞争能力。

#### 4. 市场风险造成荔枝生产经营的不确定性

一些荔枝产区出现上市期重叠竞争，价格波动大，加之中国农产品价格机制不健全，价格传导和形成机制不能反映有效的市场供求关系，分散果农几乎没有议价能力，造成荔枝生产经营收入不稳定。调研数据分析显示，荔枝市场供求关系对荔枝产业效益有极大影响，蛛网效应明显，容易出现增产不增收的现象。

#### 5. 荔枝比较优势难以形成出口竞争优势

中国荔枝种质资源丰富，品质优良，相较世界荔枝生产国具有比较优势，但荔枝出口率仅为 2% 左右，远低于南非的 60%、越南的 40%、马达加斯加和澳大利亚的 30%。中国荔枝出口率低的主要原因为市场开拓力度不够；荔枝标准化程度不高，农残不达标；冷链保鲜技术水平不高；中国荔枝难以达到发达国家日趋苛刻的检疫检验标准。

## 六、荔枝产业发展展望

### （一）荔枝种植面积相对稳定

受 2018 年荔枝市场价格低迷影响，2019 年广东和广西主产区荔枝种植面积变化不大；云南和四川早熟和晚熟品种因市场优势，种植面积将略有增加，但占比不大，总体全国种植面积保持相对稳定。

### （二）荔枝小年减产已成定局

2018 年年底至 2019 年 1 月至 2 月，荔枝主产区气温普遍偏高且多雨，导致花枝发育较差，成花困难。广东、海南和广西荔枝成花率不足 80%，部分品种荔枝成花率不足 50%，加之 2018 年荔枝丰产造成树体养分过耗，价格低迷导致部分荔枝园失管和弃管，预计 2019 年荔枝产量同比下降 30% 左右。

### （三）荔枝价格上升幅度较大

2018 年荔枝产量创历史新高，价格偏低。2019 年，由于荔枝产量较大幅度下降已成定局，荔枝综合平均价格将高于上年，尤其是桂味、糯米糍等优质荔枝价格将大幅上升。

### （四）荔枝消费需求将持续增长

荔枝作为特色热带水果之一，越来越受到北方市场的欢迎，现代物流的快速发展，为北方消费者品尝到高品质的荔枝提供了条件和便利，扩大了荔枝市场销售半径，中国荔枝消费市场前景广阔。另外，随着优良荔枝品种的广泛推广，将刺激荔枝消费需求。

## 七、荔枝产业发展建议

### （一）推动绿色荔枝产业发展提高市场竞争力

发展低能耗、低污染、高效性和安全性的绿色低碳荔枝产业体系，首先，政府必须引导和扶持荔枝产业生产方式的转变，并建立配套的补偿制度和惩罚机制，对绿色低碳技术研发和推广应用、生产、加工和运销过程中减少有害物质使用等给予补贴和奖励。其次，荔枝主产区地方政府以示范园和专业合作社为抓手，带动周边农户开展标准化绿色荔枝生产，"统一育苗供种、统一化肥使用标准、统一种植标准，统一病虫害防控、统一采收处理、统一品牌销售"等。同时，在主产区域支持建设一批科技含量高、集约化程度高、市场竞争力强的荔枝龙头骨干企业，发展绿色和有机荔枝产业，提高荔枝品质竞争力。

**（二）建立健全"一主多元"的荔枝技术推广体系**

我国是世界荔枝原产地和主产国，荔枝品种培育技术、果园综合管理技术、采后处理与保鲜储运技术、加工技术等领域都有一批国际领先技术，但荔枝先进技术难以转化为现实生产力，亟待建立以政府为主体，社会相关组织广泛参与的"一主多元"的组织结构。农业技术推广为公益性活动，政府是农技推广体系建设的主体，荔枝技术推广体系应包括政府农技推广组织，企业和私营农技推广组织、农业专业协会农技推广组织和科研院所推广组织，形成以政府为主体，社会相关组织广泛参与的"一主多元"的组织体系。建立绩效考核和激励制度，鼓励各类推广组织人员对试验新品种和采用新技术的果户提供全程跟踪式服务。

**（三）大力推动荔枝三产融合多模式发展**

荔枝主产区三产融合发展，可延伸荔枝产业链条，拓展产业功能，提升产业层次，以产业创新发展带动热区乡村振兴。荔枝主产区各级管理部门应大力引导和扶持三产融合多模式发展，一是荔枝果园＋种养业的立体生态发展模式，通过果园套种蔬菜，林下放养家禽，园中蓄养鱼类等进行资源循环利用。二是以荔枝加工企业为龙头，建设标准化规模化荔枝种植基地，实现生产、加工、储运和品牌塑造的融合发展。三是荔枝生产和服务业融合，与旅游、休闲、文化和教育结合起来，拓展荔枝产业功能。四是建设荔枝产业园区不能一哄而上，必须依托产业优势和价值链增值目标，规划设计三产融合产业链体系，引导工商资本进入产业园区，通过产业链带动基地和农户。同时，必须建立合理的利益分配机制，确保果农在产业链上的收益。

**（四）进一步完善荔枝政策性保险制度**

中国荔枝政策性保险制度处于起步阶段，荔枝保险合约采用了一些国家实施效果较好的天气指数保险，有利于克服由于信息不对称而产生的逆向选择和道德风险，管理成本也低，但同时存在对天气指数的制定技术要求高、基差风险较大等问题。由于荔枝政策性保险产品销售渠道过窄，覆盖范围有限等导致目前参保率较低。因此，必须了解果农的风险防范意识、保险需求和支付能力；追踪评估荔枝政策性保险制度的实施效果及其影响因素；完善气象基础设施和数据提供系统；多渠道宣传保险知识和荔枝指数保险产品的优缺点；利用完善的农村信贷网络体系销售保险产品等。

**（五）积极创造条件开拓荔枝及制品的出口市场**

热区政府必须引导和扶持荔枝产业形成综合竞争优势。第一，建立统一的出口荔枝生产技术标准和农药残留最大限量标准，2006年日本实施《肯定列表制度》后，制定了极为苛刻的农业化学品残留限量标准，荔枝出口受阻，美国对鲜荔枝要求必须低温储运且对果蝇等有害生物进行检疫处理，欧盟对荔枝制定了214种农药残留最高限量标准等，致使荔枝出口成本高风险大；第二，依托出口农业企业和专业合作社建立绿色荔枝出口生产、加工基地，并实施动态追踪监管制度和年审制度；第三，荔枝采后处理、加工、包装和冷链防虫处理过程按进口国的要求进行严格的检疫监管，保障出口荔枝质量安全；第四，政府应通过设立奖励基金、优惠贷款、绿色技术研发投入等方式对先期进入新市场的出口企业或专业合作社给予持续性的外部性补偿。

# 2018 年龙眼产业发展报告

## 一、世界龙眼产业概况

### （一）世界龙眼生产情况

#### 1. 世界龙眼面积略有减少

世界龙眼种植集中在中国和东南亚国家，以中国、泰国、越南为主，3 个主产国面积占世界龙眼 90% 以上。据分析测算，2018 年世界龙眼种植面积接近 900 万亩，同比减少 10.0%，其中，中国占 51.9%、泰国占 30.2%、越南占 11.9%（图 1）。

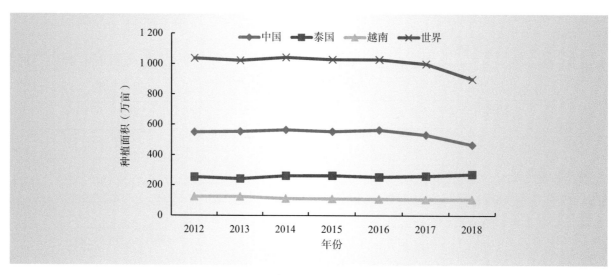

图 1　2012—2018 年世界三大龙眼主产国面积变化

数据来源：中国农业农村部、泰国农业经济办公室、越南农业部

近年来，柬埔寨的龙眼种植面积逐步增加，2018 年龙眼种植面积已发展到 5.98 万亩，同比增长了 24.4%。拜林省是其主要种植区域，由于当地龙眼种植的经济效益较为可观，未来仍有继续扩种趋势。

**2. 世界龙眼产量持续提高**

2018 年，世界龙眼种植面积虽然有所下滑，但龙眼花期和果实发育期气候条件适宜，加之新技术推广应用和果园管理水平提高，世界龙眼产量有所增加。据统计，2018 年世界龙眼产量约 389 万吨，同比增长 1.3%，其中，中国和越南龙眼产量微增，泰国龙眼产量基本持平（图 2）。

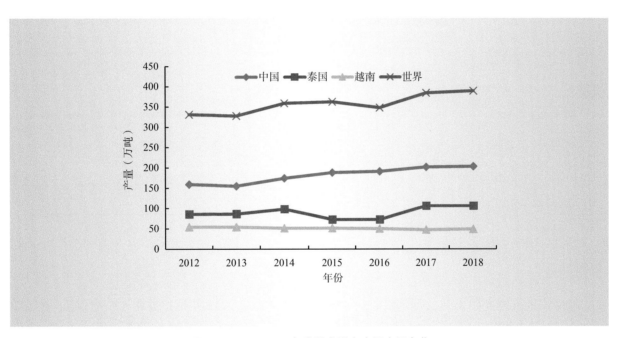

图 2　2012—2018 年世界龙眼主产国产量变化

数据来源：中国农业农村部、泰国农业经济办公室、越南农业部

**3. 龙眼标准化程度逐步提升**

越南龙眼主产区逐步推广标准化生产，如山萝省马江县已经建立 9 个越南良好农业规范（VietGAP）标准龙眼种植合作社，龙眼种植面积为 166 公顷，总产量约 930 吨。为保证销售期龙眼鲜果质量，越南河内实施食品卫生安全和质量控制标准措施，近 80% 的水果销售场所签署并落实相关要求。泰国龙眼鲜果采用 C、B、A 和 AA 级进行标准化划分，其中，AA 级龙眼售价为 5.0 元人民币 / 千克，远高于其他级别；C 级龙眼售价仅为 0.2 元人民币 / 千克。

**（二）世界龙眼贸易情况**

龙眼作为特色水果产业，占世界水果贸易量比例较小，缺乏权威统计数据。根据主产国相关统计数据测算，2018年世界龙眼出口贸易量为60万吨左右，约占总产量的15%，主要以鲜果出口为主，龙眼干、肉次之，罐头最少。

泰国是世界龙眼出口大国。据泰国海关统计分析（图3），2018年全年出口龙眼20.5万吨、出口金额3.29亿美元，同比分别下降4.21%、1.20%。从龙眼出口国家来看，超过90%的龙眼出口越南和中国市场，其中出口越南占55.91%、中国占40.03%。

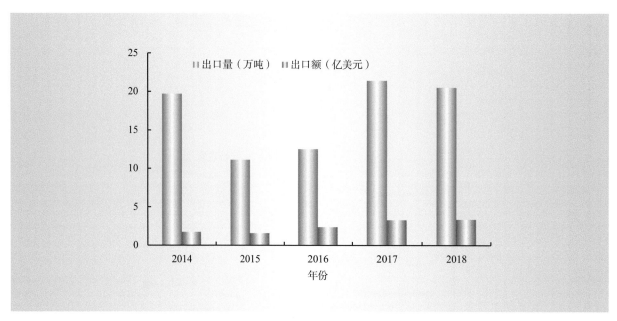

图3　2014—2018年泰国龙眼出口情况

越南积极推动龙眼出口，据越南农业农村部统计，越南2018年出口龙眼32.5万吨，同比增长6.47%，主要出口国为中国，约占出口总量的70%。其中，山萝省马江县首次向中国市场出口龙眼约40吨，出口产品以龙眼鲜果为主，约占出口总量的90%，其余为龙眼肉。

**（三）世界龙眼政策支撑情况**

泰国作为最大龙眼出口国家，目前和东盟、中国、日本、韩国、印度、澳大利亚、新西兰、秘鲁、智利等国家和地区签订了自由贸易协定（FAT）。2018年在FAT的推动下，泰国水果出口价值26.5亿美元，同比增长17%。

越南最大的龙眼产地槟知省和兴安省2018年通过了澳大利亚工业及贸易部考察，考虑在2019年向越南龙眼颁发进口许可证，有望成为继荔枝、芒果和火龙果之后的第四种获准进入澳大利亚市场的越南水果。为了促进龙眼出口，越南发布了包括龙眼在内的4份《越南水果出口中国指南》，协助越南企业对自身出口活动进行分析，更好满足中国市场需求。推进出口中国市场相关手续系统化，为越南企业向中国出口水果提供便利。

## 二、中国龙眼产业基本情况

### （一）生产情况

#### 1. 种植面积

据农业农村部农垦局统计（图 4），2018 年中国龙眼种植面积为 467.00 万亩，同比减少 13.11%；收获面积为 432.03 万亩，主要是由于我国龙眼密闭园改造和部分果园失管造成的。其中，广西龙眼种植规模持续多年位居全国第一，种植面积为 196.75 万亩、收获面积 173.70 万亩，分别占全国总面积的 42.13% 和 40.21%；广东龙眼种植面积 170.00 万亩、收获面积 167.00 万亩，分别占全国的 36.40% 和 37.03%；福建种植面积 48.53 万亩、收获面积 42.07 万亩，分别占全国的 10.39% 和 9.74%；四川种植面积 34.77 万亩，占全国的 7.45%；海南种植面积 12.20 万亩、收获面积 10.76 万亩，分别占全国的 2.61% 和 2.49%；云南和贵州龙眼种植规模较小，云南种植面积 3.45 万亩、收获面积 2.03 万亩，贵州种植面积 1.30 万亩、收获面积 0.80 万亩。

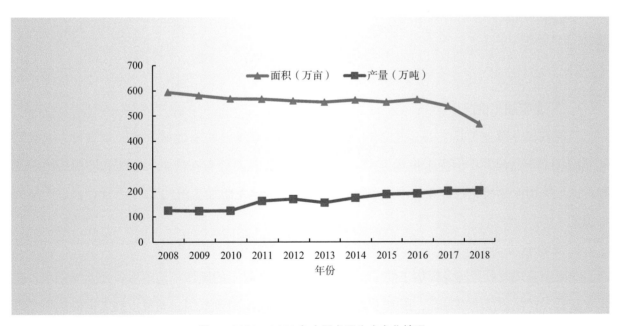

图 4　2008—2018 年中国龙眼生产变化情况

#### 2. 总产量

2018 年，中国龙眼总产量达到 203.12 万吨，同比增长 0.62%。其中，主要产区广东产量 92.00 万吨、广西 67.47 万吨、福建 25.61 万吨、四川 9.97 万吨、海南 5.50 万吨，分别占中国的 45.29%、33.22%、12.61%、4.91%、2.71%，云南和贵州产量分别为 2.26 万吨和 0.31 万吨。中国平均单产 470.15 千克 / 亩，其中，云南产区最高，达到 771.33 千克 / 亩；福建产区次之，为 608.75 千克 / 亩；广东产区为 550.90 千克 / 亩、海南产区为 511.15 千克 / 亩、四川产区为 443.56 千克 / 亩、广西产区为 388.43 千克 / 亩、贵州产区为 387.50 千克 / 亩。

### 3.总产值

2018 年我国龙眼产量同比略增，但市场价格偏低，因此 2018 年龙眼产值总体下降，按地头价计算龙眼总产值为 90.55 亿元，同比减少 23.89%；按收购价计算龙眼总产值为 89.61 亿元，同比减少 23.21%（表 1）。

| 表 1 | 2017—2018 年龙眼总产值比较 | | |
|---|---|---|---|
| 项目 | 2017 年 | 2018 年 | 变动幅度 |
| 按地头价计算（亿元） | 118.97 | 90.55 | −23.89% |
| 按收购价计算（亿元） | 116.70 | 89.61 | −23.21% |

### （二）龙眼加工情况

目前我国龙眼加工品主要是龙眼干、龙眼肉和龙眼罐头，也有龙眼果酒、龙眼粉、龙眼膏等新型加工产品研发，但尚未批量生产。龙眼加工企业主要分布在广东、福建和广西等地的龙眼产区。据国家荔枝龙眼产业技术体系统计，2018 年全国龙眼加工量约 32.5 万吨，占总产量的 16.0%。

### 1.龙眼干

龙眼干是现阶段我国龙眼加工的主要产品，但目前龙眼干的制作工艺落后，企业规模小，技术含量低，产品质量难以保证，限制了龙眼干的生产规模及销售范围。龙眼干加工主要集中在福建产区。2018 年全国龙眼干加工总量 1.69 吨，相当于加工新鲜龙眼 5.0 万吨。

### 2.龙眼肉

龙眼肉加工主要集中在广东高州分界镇、广西博白、岑溪，以及福建莆田、漳州等龙眼产区。广东高州和广西博白主要生产灯笼肉（具有完整的果肉），广西岑溪和福建等地主要加工片肉。2018 年全国龙眼肉 1.65 万吨，折合鲜龙眼 2.7 万吨。

### 3. 龙眼罐头

龙眼罐头主要用于出口，2018 年制罐鲜龙眼加工量约 0.63 万吨，同比提高 80.0%，主要出口印度尼西亚，少量出口菲律宾、朝鲜、越南等国家和地区。

### （三）科研进展

**种质资源。**2018 年，国家果树种质福州龙眼资源圃从福建、海南、云南、四川等龙眼产区收集地方品种资源 23 份，从农艺性状和园艺性状鉴定评价特异资源 54 份，为福建农林大学、贵州大学、贵州赤水农业农村局等科研院所和农业推广部门提供社会共享利用 31 份次。

**基础研究。**克隆的龙眼漆酶（DlLAC）家族基因包含 7 大类 42 个基因成员，可能参与不同体胚发育过程和不同组织器官形态建成。克隆获得 DlHOS1 基因序列全长 3 577bp，编码 999 个氨基酸，能够响应低温胁迫诱导，可能参与龙眼抗寒和低温胁迫过程。克隆龙眼黄烷酮 -3- 羟化酶基因（Dlf3h），长度 1 098bp，该基因在根中表达量最高，是一种可溶性亲水蛋白，定位于细胞核内。掌握了龙眼 ERF 家族的基本性质以及在体胚发生早期的表达规律。

**栽培技术。**通过矮化修剪，整体提高了龙眼树冠内部的光照和温度，相对湿度稍下降；极显著提高了叶片的净光合速率、蒸腾速率和气孔导度，降低了胞间 $CO_2$ 浓度；显著提高了树冠上层果实的单果重和可溶性固形物含量，显著提高了树冠内膛果实的可溶性固形物含量，株产无显著差异。

**品种选育。**福建省农业科学院选育的‘冬宝 9 号’通过全国热带作物品种审定委员会审定。广西大学实生选育出早熟龙眼‘桂丰早’，表现特早熟，比石硖早 7~15 天、比储良早熟 20~30 天。福建省农业科学院选育的‘宝石 1 号’‘翠香’‘冬香’等龙眼新品种通过福建省科技成果评审，为后续成果转化奠定基础。

**获奖情况。**由广西壮族自治区农业科学院园艺研究所、广西职业技术学院、广西大学合作完成的"广西龙眼种质资源评价及新品种选育与产业化应用"成果获得 2018 年度广西科学技术进步奖二等奖。

## 三、中国龙眼市场与贸易情况

### （一）市场动态

#### 1. 龙眼年度综合价格变动情况

根据中国龙眼价格监测与分析系统显示，2018 年龙眼综合地头价为 5.76 元 / 千克，综合收购价为 5.70 元 / 千克，综合批发价为 7.69 元 / 千克，综合零售价为 16.18 元 / 千克。整体来看龙眼产地价格比 2017 年出现较大幅度下降，销地价格比 2017 年出现一定的上升（表 2）。

| 表 2 | 2017—2018 年中国龙眼年度综合价格及变动情况 | | |
|---|---|---|---|
| 价格类别 | 2017 年（元/千克） | 2018 年（元/千克） | 变动情况 |
| 综合地头价 | 9.95 | 5.76 | −42.11% |
| 综合收购价 | 9.76 | 5.70 | −41.60% |
| 综合批发价 | 6.65 | 7.69 | 15.64% |
| 综合零售价 | 12.89 | 16.18 | 25.52% |

注：数据来源于华南农业大学创行团队

### 2. 龙眼主栽品种市场价格变动情况

中国龙眼主栽品种中只有四川的'蜀冠'地头价环比提高 2.9%，其余品种均不同程度下降（表 3）。福建'福眼'和广西'大乌圆'下降超过 50%。这可能与大年龙眼价格下跌、果实品质不佳有关。

| 表 3 | 2018 年中国主要龙眼品种市场价格年度环比变动情况 | | | |
|---|---|---|---|---|
| 品种 | 地头价变动（%） | 收购价变动（%） | 批发价变动（%） | 零售价变动（%） |
| 储良 | −42.46 | −34.70 | −32.78 | −26.04 |
| 石硖 | −47.28 | −43.50 | −50.24 | −33.27 |
| 福眼 | −54.24 | — | — | — |
| 大乌圆 | −59.37 | — | — | — |
| 蜀冠 | 2.9 | — | — | — |

注：数据来源于华南农业大学创行团队

2018 年国内龙眼批发价格走势呈前高后低态势，但明显低于去年同期（图 5）。1—7 月国内龙眼尚未批量上市，以进口龙眼为主，价格高点在春节前后的 3 个月内。7 月价格开始下跌，主要原因在于国内龙眼开始应市，8—9 月我国龙眼集中上市，市场批发价格持续低位。11—12 月龙眼批发价格比 9 月上涨 1.67%，下半年龙眼进口以越南为主，价格较上半年泰国龙眼低。

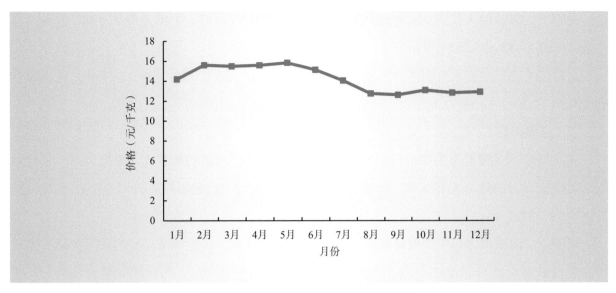

图 5 2018 年国内龙眼月度平均批发价格

## （二）进出口情况

### 1. 贸易量

据中国海关统计，2018 年中国龙眼进口总量 43.96 万吨，其中龙眼鲜果依然是最大进口类别，为 36.39 万吨，占总进口量的 82.77%，远高于龙眼干肉和罐头的比例；龙眼干肉进口量为 7.57 万吨，占总进口量的 17.22%；龙眼罐头进口较少，仅为 42.77 吨，占进口总量的 0.01%。

中国龙眼出口总量 5 018.56 吨，其中以龙眼鲜果为主，出口量为 3 710.63 吨，占 73.94%；其次龙眼罐头，出口量为 922.28 吨，占 18.38%；龙眼干肉出口 385.65 吨，占出口总量的 7.68%。

中国龙眼总体贸易格局尚未发生改变，依然是龙眼鲜果和龙眼干肉呈现净进口状况，且有加剧的态势。龙眼罐头贸易仍然保持净出口状况，且同比上升 18.11%。

### 2. 贸易额

据中国海关统计，2018 年龙眼进口总额 40 690.22 万美元，其中：龙眼鲜果进口额为 29 461.35 万美元，占总进口额的 72.40%；龙眼干肉进口额 11 223.88 万美元，占总进口额的 27.58%；龙眼罐头进口额 4.99 万美元。龙眼出口总额为 1 215.44 万美元，其中：龙眼鲜果 828.42 万美元，占出口总额的 68.16%；龙眼罐头出口额 129.37 万美元，占比 10.64%；龙眼干肉出口额 257.65 万美元，占 21.20%。

### 3. 主要进出口国家

（1）龙眼进口

2018 年中国分别从越南和泰国进口鲜龙眼 25.41 万吨和 10.98 万吨，占进口总量的 69.82%、30.18%；进口额分别为 14 512.13 万美元和 14 949.22 万美元，占总进口额的 49.26%、50.74%。

龙眼干、肉分别从泰国、缅甸和中国香港地区进口 7.17 万吨、0.40 万吨和 0.002 万吨，占总进口量的 4.68%、5.28% 和 0.03%。

龙眼罐头进口主要来自中国香港地区和泰国，进口量分别为 0.03 吨和 42.75 吨，进口额分别为 0.01 万美元和 4.98 万美元。

（2）龙眼出口

2018 年中国龙眼鲜果主要出口中国香港地区、中国澳门地区和加拿大、美国。出口量分别占总出口量的 91.64%、4.49% 和 1.75%、0.52%，出口额分别占总出口额的 95.71%、1.28% 和 2.16%、0.52%。

龙眼干、肉主要出口中国香港地区和新加坡、马来西亚、日本和印度尼西亚等国家。出口量分别占总出口量的 21.24%、34.55%、10.16%、8.83% 和 6.51%，出口额分别占总出口额的 20.11%、30.96%、6.79%、21.62% 和 6.66%。

龙眼罐头主要出口马来西亚、印度尼西亚、文莱、德国和越南等国家，出口量分别占总出口量的 47.46%、11.93%、9.18%、4.27% 和 2.00%，出口额占总出口额的 46.63%、13.38%、9.58%、4.39% 和 2.31%。

### 4. 进出口价格

据中国海关统计数据测算，2018 年中国龙眼鲜果进口平均价格为每吨 809.67 美元，中国龙眼鲜果出口平均价格为每吨 2 232.56 美元。

## 四、中国龙眼产业效益分析

### （一）龙眼主要品种投入产出情况

2018 年，龙眼主要品种平均亩产量为 520.6 千克，亩产值 1 789.01 元，亩利润 461.81 元（表 4）。从亩产量来看，'储良''石硖''大乌圆'明显高于其他品种；从亩产值、亩利润来看，'古山 2 号''储良''石硖'明显好于其他品种。

| 表 4 | 2018 年龙眼主要品种投入产出情况 | | |
| --- | --- | --- | --- |
| 品种 | 亩产量（千克） | 亩产值（元） | 亩利润（元） |
| 储良 | 676.09 | 2 555.60 | 1 074.18 |
| 石硖 | 637.08 | 2 064.14 | 1 075.61 |

（续表）

| 品种 | 亩产量（千克） | 亩产值（元） | 亩利润（元） |
| --- | --- | --- | --- |
| 古山 | 288.58 | 1 061.97 | −680.38 |
| 古山 2 号 | 453.57 | 2 748.60 | 1 353.23 |
| 大乌圆 | 633.96 | 1 255.24 | 176.75 |
| 广眼 | 431.1 | 853.58 | −228.53 |
| 总计 | 520.06 | 1 789.01 | 461.81 |

数据来源：国家荔枝龙眼产业技术体系固定观测户成本收益调研数据整理

### （二）龙眼主要产区投入产出情况

2018 年，龙眼主要产区平均亩产量为 514.75 千克，亩产值 1 453.20 元，亩利润 527.08 元（表 5）。从亩产量来看，茂名、玉林、深圳明显高于其他地区；从亩产值来看，茂名、深圳、钦州明显高于其他地区；从亩利润来看，钦州、深圳、茂名明显高于其他地区。

**表 5　　2018 年龙眼主要产区投入产出情况**

| 地区 | 亩产量（千克） | 亩产值（元） | 亩利润（元） |
| --- | --- | --- | --- |
| 玉林 | 607.39 | 985.57 | 539.28 |
| 钦州 | 316.77 | 1 374.91 | 960.64 |
| 北海 | 273.84 | 915.57 | 447.26 |
| 茂名 | 764.44 | 2 852.13 | 679.08 |
| 深圳 | 594.67 | 1 564.55 | 859.03 |
| 湛江 | 516.41 | 1 029.66 | −322.77 |
| 总计 | 514.75 | 1 453.20 | 527.08 |

数据来源：国家荔枝龙眼产业技术体系固定观测户成本收益调研数据整理

## 五、龙眼产业发展存在的主要问题

### （一）龙眼优势区域和重点品种不突出

经过近 30 年快速发展，我国龙眼生产已形成一定的种植规模和区域特色，但是尚未形成规模化、标准化的优质龙眼品种区域布局。目前来看，海南、广东、广西以早熟为主、中熟为辅，福建以中熟为主、晚熟为辅，四川以晚熟为主、中熟为辅。主产区在龙眼新种或高接换种过程中，需要具有一定的市场前瞻性，还要兼顾品种的抗病性、丰产性、内外在品质、耐贮性、货架期和产期优势等，综合考虑作出正确判断，促进优势产区的形成。

### （二）龙眼品质标准化和竞争力不足

龙眼品质标准化程度不足，严重影响市场竞争力。在"百果园"调研中，经销商反映，在国内很难持续性的收购到同等质量果品，而且长期派驻营销队伍也成倍提高了果品成本，因此不得不转向采购泰国等国外进口龙眼。另外据调查显示，2018年出口中国港澳地区的龙眼中果实大小不一，一个货柜甚至难以挑出品质一致的两箱龙眼，严重影响了龙眼出口市场竞争力。

### （三）龙眼知名品牌建设和影响力不够

品牌建设对于提升果品知名度、价格具有显著作用。目前我国龙眼主产区已经培育了部分龙眼品牌，但多以地名或企业名称注册申报。由于生产规模有限，品质控制较难，多数品牌仅在当地具有一定影响力，全国知名品牌较少。

### （四）龙眼生产及销售社会化服务体系不健全

据调查，我国龙眼生产以小规模的家庭经营为主，果园生产经营的规模化、现代化尚处于起步阶段，从业人员受教育程度不高、老龄化问题严重，新型农业经营主体的培育依然任重道远。龙眼生产的社会化服务相对落后，尤为突出的是农药、肥料等重要生产资料的市场极为混乱，假冒伪劣产品比比皆是，大大增加生产的难度和产品质量风险。以电商等新型销售方式逐渐兴起，但尚未成为主流。

### （五）越南、泰国的进口龙眼对中国龙眼生产带来挑战

中国龙眼出口贸易不足进口贸易的3%，龙眼进口主要来自越南、泰国。越南、泰国与中国龙眼主产区气候条件相似，上市期接近，且劳动力成本较低、标准化程度高，产品竞争性较强，夺取了中国的一部分市场，降低了中国果农的收入。

## 六、龙眼产业发展展望

### （一）龙眼种植面积相对企稳

龙眼种植面积将逐步趋稳，一方面，"用工贵、用工难"以及化肥、农药等生产成本逐年提升，另一方面，市场价格波动较大，收益不稳定，"果贱伤农"现象时有发生，因此，农户扩大生产规模的意愿不高。

## （二）龙眼产量将有所下降

2018 年冬广东、广西等地出现高温天气，导致龙眼冲梢严重，预计 2019 年龙眼产量有可能低于上年度。同时由于龙眼果实发育期和成熟期，易受台风等灾害性天气影响，也将进一步增加龙眼产量波动的可能性。

## （三）鲜果销售价格有望提高

受国内龙眼产量下降、龙眼品种结构优化等因素影响，2019 年国内龙眼 7—9 月熟期集中上市的压力将进一步缓解，鲜果价格预计将较 2018 年有所提高。

## （四）市场高端消费需求将稳步增加

随着越南、泰国等主产国龙眼不断涌入中国市场，消费者可选择的龙眼品种逐步增多。电商、微商等新零售模式的兴起，使龙眼从生产者到消费者的渠道更为顺畅。在激烈的市场竞争下，消费者将越来越挑剔，对龙眼的品质提出了更高的要求，对绿色、有机果品等的高端消费需求将会逐步增加。

## （五）龙眼良种率逐步提高

近年来，国家出台多项促进农业科技成果转化措施，鼓励更多的龙眼品种、技术有偿开展许可使用，将有效提高龙眼新品种种植或高接换种比例。福建省农业科学院拟与广西河池市相关农业公司达成协议，共建优质龙眼新品种示范基地和接穗基地，有望促进'宝石 1 号'等新品种在两广地区的示范推广。

## 七、龙眼产业发展建议

### （一）鼓励高接换种，形成产业优势区域

目前，中国龙眼基本可实现周年供应。根据农业农村部发布的龙眼优势区域布局要求，严格实施早熟、中熟、晚熟龙眼新品种的总体布局，避免龙眼良种的盲目发展，减少国内各生态区之间成熟期的重叠度，提高龙眼种植效益。充分利用"绿箱保护政策"，加大对龙眼种植、加工、营销、科研、检验检测等产业链环节提供结构调整补助，特别是对龙眼生态果园进行适当补贴，降低品种更新造成的暂时性效益空白风险。逐步形成区域明显的早熟、中熟、晚熟龙眼优势区，既充分利用产地气候资源，又能减少优势区域之间的竞争。

### （二）提升龙眼品质，增强产品市场竞争力

在越南、泰国进口龙眼的冲击下，中国龙眼市场竞争越来越激烈，倒逼生产者不断提升生产技术和产品品质。借鉴越南的经验，提升龙眼的品质，进行相应的采后果品分级、标准化，逐渐普及运输、销售过程中冷链管理，从而吸引更多的消费者，提高市场认可度，进一步稳定并扩大

市场销售份额。

### （三）打造龙眼品牌，推动产业可持续发展

随着消费者更加重视营养和健康，对绿色、有机果品的高端消费需求将会增强，中国龙眼产业应规范生产技术标准，培育和打造一批能够获得消费者信赖的知名龙眼品牌。运用农产品电商网络平台，制订品牌推广计划，做到服务长期、受众精准、覆盖面广，打造区域优势产业、促进果农持续增收，推动中国龙眼产业的健康可持续发展。

### （四）培育职业农民，构建社会化服务体系

通过技术培训等多种方式，培育职业农民，鼓励专业大户、家庭农场、合作社、农业龙头企业等新型农业经营主体的发展壮大，构建社会化服务体系，促进龙眼生产向规模化、现代化发展。主产区各级政府加强政策引导，建立龙眼示范基地或特色产业园区，推进龙眼生产技术标准规范化。

### （五）增强竞争优势，建立产业冲击预警机制

中国龙眼种植面积、产量均超过世界的一半，却是龙眼净进口国，且进口量数量远远超过出口数量。中国作为龙眼生产大国，远未成为生产强国和贸易强国，需要引导龙眼产业逐步形成综合竞争优势。自 2013 年以来，国内龙眼产业受外部市场的冲击明显，并有逐步加剧的态势，有必要研究建立我国龙眼产业的损害预警机制。加快构建一套能够全面、动态、及时反映产业发展状况和趋势的指标体系，重点对国内环境、产业国际竞争力、产业对外依存度、产业控制力等方面进行评价，并根据龙眼产业形势逐步修改和完善，从而确保我国龙眼产业健康发展。

# 2018 年香（大）蕉产业发展报告

### （一）种植情况

据联合国粮农组织（FAO）统计，2017 年，世界香（大）蕉收获面积 1.67 亿亩，同比增长 9.87%（图 1）。其中，前五位主产国的收获面积分别为刚果（金）1 774.12 万亩、乌干达 1 342.69 万亩、印度 1 290.00 万亩、坦桑尼亚 1 184.22 万亩、菲律宾 1 065.00 万亩，分别占世界总面积的 10.62%、8.04%、7.72%、7.09% 和 6.38%。中国收获面积居世界第 12 位，为

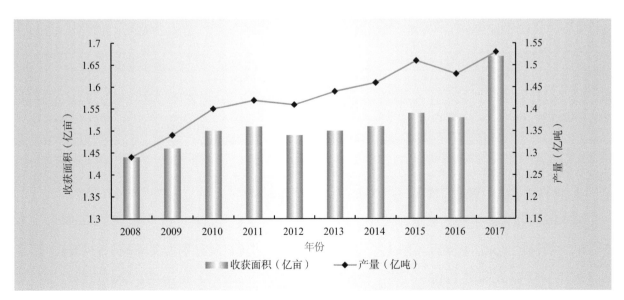

图 1　2008—2017 年世界香（大）蕉产量与收获面积走势

532.24 万亩，占世界总面积的 3.19%。

2017 年，世界香（大）蕉总产量 1.53 亿吨，同比增长 3.38%。其中，印度产量 3 047.70 万吨、中国 1 117.00 万吨、菲律宾 916.63 万吨、哥伦比亚 736.24 万吨、印尼 716.27 万吨，分别占世界总产量的 19.92%、7.30%、6.00%、4.81%、4.68%。世界香（大）蕉平均单产 916 千克 / 亩，其中，香蕉平均单产 1 347 千克 / 亩，大蕉平均单产 474 千克 / 亩。世界香蕉单产相对较高的国家为叙利亚，达 4 700 千克 / 亩，大蕉单产最高的国家为苏里南共和国，达 2 108 千克 / 亩。

**（二）贸易情况**

**1. 世界香（大）蕉出口情况**

据联合国商品贸易统计数据库（Un Comtrade）统计，2017 年，世界香（大）蕉出口总量为 2 276.39 万吨、出口总额 117.36 亿美元（图 2）。其中，主要出口国出口量分别为厄瓜多尔 658.70 万吨、危地马拉 258.03 万吨、哥斯达黎加 242.80 万吨、哥伦比亚 200.26 万吨、菲律宾 141.25 万吨，合计占世界出口总量的 65.95%，分别占 28.94%、11.34%、10.67%、8.80% 和 6.21%。

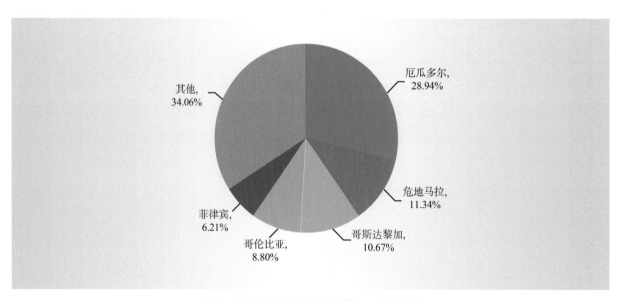

图 2　2017 年世界香（大）蕉出口总量占比

**2. 世界香（大）蕉进口情况**

据联合国商品贸易统计数据库统计，2017 年，世界香（大）蕉进口总量、进口总额分别为 2 178.27 万吨、153.51 亿美元（图 3）。其中，主要进口国进口量分别为美国 363.83 万吨、俄罗斯 154.41 万吨、比利时 144.23 万吨、德国 142.00 万吨、英国 123.16 万吨，合计占世界进口总量的 42.59%，分别占 16.70%、7.09%、6.62%、6.52% 和 5.65%。

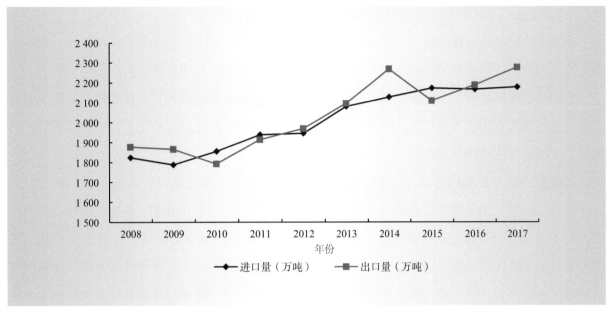

图 3　2008—2017 年世界香（大）蕉进出口贸易量走势

### （三）消费情况

2017 年，世界人均香（大）蕉消费量为 20.49 千克，较 2016 年（20.10 千克/人）同比增长 1.94%。主要香（大）蕉消费国所占比例依次为：印度（25%）、中国（13%）、印度尼西亚（6%）、巴西（6%）、菲律宾（4%）、美国（4%）、安哥拉（3%）、坦桑尼亚（3%）和卢旺达（3%），占世界香（大）蕉消费量的约 67%，这些国家也是香（大）蕉主要生产国（除美国外）。这些国家中，印度、中国、印尼的香（大）蕉消费量持续增加，安哥拉（增幅达 11.9%）和中国（增幅达 6.1%）的香（大）蕉消费量年增长率最高。

在人均消费量方面，印度和中国是最大的香（大）蕉消费市场，但是这 2 个国家的人均消费量最低，分别为 29 千克/人和 10 千克/人。与此同时，把香（大）蕉当作主食的非洲国家卢旺达（252 千克/人）、安哥拉（154 千克/人）、坦桑尼亚（67 千克/人）是香（大）蕉人均消费方面的领跑者。

### （四）科研进展

2018 年，世界香蕉研究主要在香蕉抗性育种、香蕉高淀粉品种选育方面、香蕉枯萎病的防控、香蕉副产物开发利用等方面取得进展。

**香蕉抗性育种方面。**巴西选育出四倍体 AAAB 基因型杂交后代，该杂交后代可抗香蕉枯萎病生理小种、线虫病、香蕉尾孢菌引起的黄斑病、细菌性萎蔫病、象甲和黑叶条纹病；印度香蕉研究中心（BRS）通过遗传基因改良计划，选育出对色蕉球腔菌和香蕉褐缘灰斑病菌耐病性的四倍体杂交后代 BRS-01；法国农业研究中心（CIRAD）选育出 FLHORBAN 920 和 FLHORBAN

918 两个杂交种，表现出对抗黑条叶斑病枯萎病和线虫病。

**香蕉高淀粉品种选育方面。**乌干达热带农业国际研究所（IITA）通过遗传改良项目，选育出高淀粉类四倍体香蕉品种 BITA 03、PITA 16，其果实被应用于葡萄酒和啤酒的生产。

**香蕉枯萎病菌方面。**印度研究发现，病原菌分泌的细胞壁降解酶在香蕉枯萎病侵入和定殖过程中发挥着重要作用，果胶甲酯酶、miRNA 及 G 蛋白小亚基合成基因 FGA1、FGA2、FGB1 均参与了香蕉枯萎病的诱导发生。

**香蕉副产品开发利用方面。**日本、印度、菲律宾等国对香蕉纤维进行开发利用，并取得了一定成果。日本利用香蕉废弃物加工成质地柔软且强度较高的包装纸和棉 / 香蕉纤维混纺纱及织物；在印度，香蕉纤维已开发用于家居用品、装饰品、绳索和麻袋的制作；在菲律宾，利用香蕉纤维和菠萝叶纤维制成了富有民族特色的塔加拉服装，已成为商务礼服和旅游服饰。在香蕉皮功能因子研发方面，研究发现香蕉皮的酚类和类胡萝卜素含量与品种及种植条件有关，果实的成熟度及提取方式影响酚类和类胡萝卜素的提取率。

### （五）世界香（大）蕉产业发展趋势

#### 1. 种植面积和产量小幅增长

综合 2018 年世界香蕉价格与需求、气候、病虫害影响等因素，2019 年世界香（大）蕉种植面积、产量将小幅上扬。其中，第二、三大香（大）蕉生产国中国和菲律宾因气候较适宜于香蕉生长且未受较大的灾害如台风等冲击，预计其产量有所增长；而加勒比区域由于 2019 年年初雨水不足，引发干旱，同时受胭脂虫害影响，南美的厄瓜多尔、哥斯达黎加、哥伦比亚等香（大）蕉主产国的供应量将有所下降。

#### 2. 国际贸易量、额持续增长

随着香（大）蕉产量和消费量增加、全球和区域经济一体化的进程加快，世界香（大）蕉贸易持续攀高，出口总额持续增加。2007—2017 年，主要消费国的进口份额基本保持在 17%~19% 的增长水平。

#### 3. 世界香（大）蕉流通成本有所增加

石油价格的探底回升，加剧了香（大）蕉运输成本的上升，加之香（大）蕉的包装材料纸板（占包装材料总成本的 75%）的价格增加，导致世界香（大）蕉流通成本上扬。

#### 4. 消费量稳中有升

据联合国粮农组织（FAO）及世界贸易组织（WTO）数据分析，近年来世界香（大）蕉的消费量年均增长约 2.2%。2017—2025 年，消费量将继续增长，其增长率预计平均每年将增加 2.0%，预计到 2025 年时，市场香（大）蕉的容量将达到 1.36 亿吨。消费量持续增加的原因有二：一是由于世界最大的两个新兴国家中国和印度的人均消费量低于或接近世界平均水平，其香

（大）蕉消费量增长潜力大；二是在发达国家，如美国和大部分欧洲国家，香（大）蕉已被视为健康食品，其消费市场也有很大的增长空间。

## 二、中国香（大）蕉产业基本情况

2018年，中国香蕉主产区面积减少，市场价格回暖向好。但香蕉枯萎病发病严重、产期结构不合理、进口蕉持续冲击，对产业发展带来一定隐患。总体上看，风险与机遇并存。

### （一）生产情况

据农业农村部农垦局统计，2018年，中国香（大）蕉种植面积为519.84万亩，同比下降9.38%。其中，广东香（大）蕉种植面积160.00万亩、云南140.08万亩、广西136.50万亩、海南52.13万亩、福建16.68万亩，分别占全国总面积的30.78%、26.95%、26.26%、10.03%和3.21%，四川、贵州也有少量种植，分别为11.00万亩和3.37万亩，新划热区西藏种植了800亩香蕉（图4）。

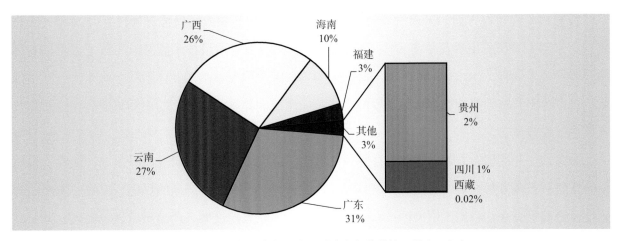

图4　2018年国内各主产区香（大）蕉种植面积（万亩）

2018年，全国香（大）蕉总产量为1 157.92万吨，同比下降10.18%。其中，广东香（大）蕉产量407.00万吨、广西315.94万吨、云南262.56万吨、海南121.63万吨、福建41.80万吨，分别占全国总产量的35.15%、27.29%、22.68%、10.50%和3.61%，四川、贵州也有少量生产，分别为4.81万吨、4.12万吨，西藏为800千克（图5）。全国平均单产2 493.64千克/亩，同比增加2.95%，主要是除海南外的各大主产区单产均有增加所致。其中，广东为3 014.81千克/亩，福建为2 550.34千克/亩，广西为2 455.81千克/亩，海南为2 361.29千克/亩，云南为2 124.79千克/亩。

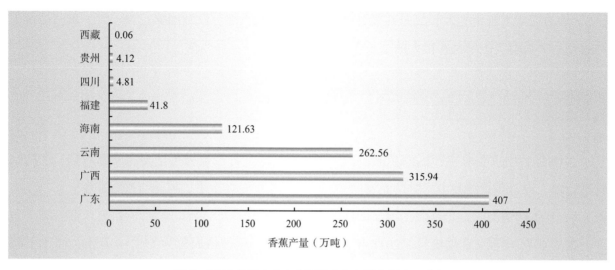

图5　2018年国内各主产区香（大）蕉产量（万吨）

### （二）科研进展

2018年度我国香蕉研究主要集中在香蕉枯萎病防控、香蕉加工产品研发、香蕉副产品开发利用及其处理机械方面。

**香蕉枯萎病防控方面。**云南农业科学院总结了香蕉枯萎病菌的遗传多样性，并揭示其致病机理；华侨大学研发出香蕉枯萎病拮抗菌HQB-1等；云南省质量技术监督局发布了香蕉枯萎病综合防治技术规程（DB53/T 862—2018）；中国热科院与国家香蕉产业体系联合研究出包括拮抗菌、可以水肥共施的复合微生物菌肥发酵工艺、应用抗病品种和有机肥的一套枯萎病综合防控技术体系，成效显著。

**香蕉加工产品研发方面。**主要是在香蕉饮料研发方面取得进展，研发出香蕉原汁饮料、香蕉复合饮料、香蕉发酵饮料、香蕉固体饮料及其他饮料等，并在这些产品的护色、澄清、发酵、稳定性及杀菌等香蕉饮料加工中关键技术的研究上取得了较大的进展，产品质量显著提高。

**香蕉副产品开发利用及其处理机械研发方面。**东华大学"香蕉韧皮纤维及其制造方法和用途"专利获得授权，香蕉韧皮纤维经处理可纺出14.6~58.3tex纱；中国热带农业科学院成功开发了纤维提取的关键设备QP-1800型香茎秆切割破片机和GZ-390型香蕉茎秆刮麻机等，研究出利用汽爆技术对香蕉纤维进行提取和脱胶的方法；广东职业技术学院、海南大学分别研发了液压驱动型香蕉树切碎还田机、砍切喂入双辊式香蕉秸秆粉碎还田机、挤压喂入式香蕉秸秆脱水粉碎机等香蕉茎秆处理机械。

### （三）市场形势分析

#### 1. 价格走势

受香蕉枯萎病危害影响，2018年，中国香（大）蕉主产区种植面积缩减，国内香（大）蕉

供略小于需，市场价格上涨。全国农产品批发市场平均价格 5.19 元 / 千克，同比上涨 16.63%
（图 6）；产地综合平均价格 3.01 元 / 千克，同比上涨 34.38%（图 7）。从月度价格看，国内香
（大）蕉销区市场价格波动较为平缓，11 月价格最高达 6.00 元 / 千克，7 月价格最低为 4.50 元 /
千克。受 2018 年国内苹果大幅减产及国内外市场供给变化影响，香（大）蕉主产区价格上半年
波动较大，在 2.5~3.4 元 / 千克波动，下半年相对平稳，产地综合平均价格基本维持在 3.0~3.3
元 / 千克。

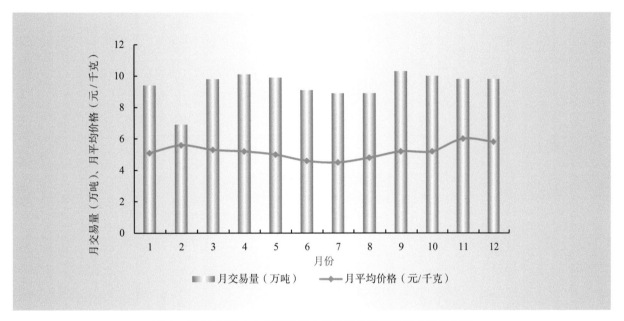

图 6　2018 年香（大）蕉批发市场月平均价格及月交易量走势

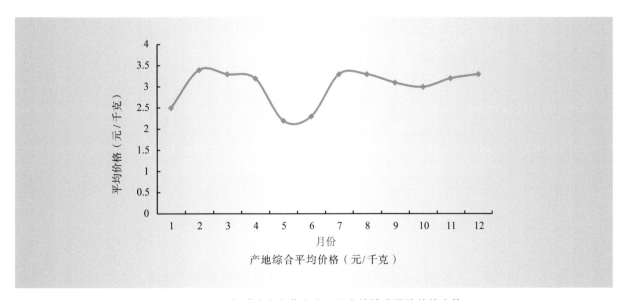

图 7　2018 年香（大）蕉主产区月产地综合平均价格走势

### 2.进出口情况

据中国海关统计，2018 年中国为香（大）蕉贸易净进口国。全年进口量 154.48 万吨、进口额 59.21 亿元，同比增长 48.67%、51.81%。出口量 1.93 万吨、出口额 1.21 万元，同比分别增长 22.12% 和 8.92%（图 8、图 9）。

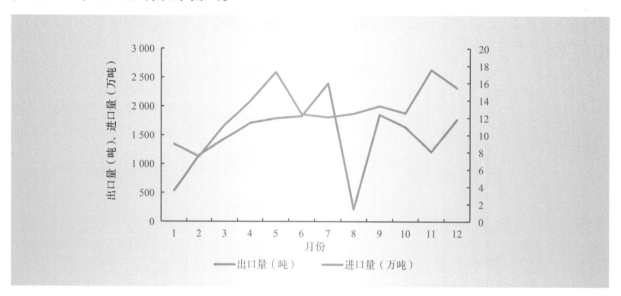

图 8   2018 年 1—12 月香（大）蕉进出口量（吨）变化趋势

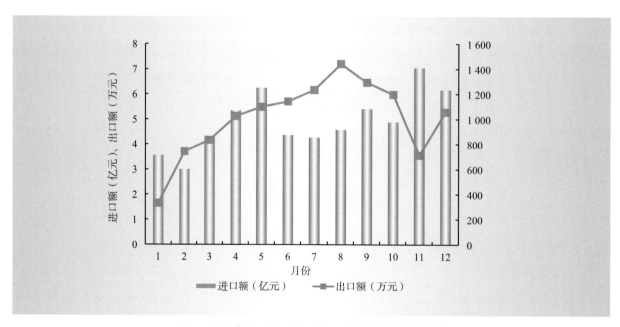

图 9   2018 年 1—12 月香（大）蕉进出口额变化趋势

2018 年，中国香（大）蕉主要进口来源国为菲律宾、厄瓜多尔、越南、泰国和印尼，进口量分别为 7.38 万吨、0.74 万吨、0.51 万吨、0.14 万吨和 0.13 万吨；中国香（大）蕉出口较少，主要出口国是朝鲜 0.03 万吨和蒙古国 0.01 万吨，主要出口地区是中国香港 0.02 万吨。

### （四）产业效益分析

总体来看，2011—2017 年中国香（大）蕉投入水平缓慢增长，2018 年受土地租金和生产要素投入成本影响降低，全国香（大）蕉亩投入有所下降，全国香（大）蕉亩均投入为 6 090 元，同比下降 3.12%。2018 年香蕉主产区投入产出比同比均有所上升，全部实现盈利，其中福建的最高（表 1）。

| 表 1 | 2018 年中国香（大）蕉主产区生产成本、亩产值和投入产出比情况 | | | | | |

| 地区 | 生产成本<br>（元 / 千克） | 亩产量<br>（千克 / 亩） | 地头平均收购价格<br>（元 / 千克） | 亩产值<br>（元） | 投入产出比 | |
| --- | --- | --- | --- | --- | --- | --- |
| | | | | | 2018 年 | 2017 年 |
| 广东 | 2.35 | 3 015 | 3.08 | 9 286.20 | 1.31 | 1.00 |
| 广西 | 2.20 | 2 456 | 2.69 | 6 606.64 | 1.22 | 1.21 |
| 云南 | 2.50 | 2 125 | 3.37 | 7 161.25 | 1.35 | 0.92 |
| 海南 | 2.63 | 2 361 | 3.50 | 8 263.50 | 1.33 | 1.10 |
| 福建 | 2.30 | 2 550 | 3.27 | 8 338.50 | 1.42 | 1.02 |

## 三、中国香（大）蕉产业发展特点

### （一）种植面积、产量均出现下降

2018 年，因香（大）蕉主产区广东、福建、广西的种植面积大幅下滑，全国香（大）蕉种植面积和产量均同比下降。广东主产区受 2017 年台风"天鸽"影响，加之 2018 年年初发生超强寒潮、年中发生台风，种植面积从 2017 年的 196.50 万亩急剧下滑至 2018 年的 160 万亩，同比大幅下降 18.58%，产量也下降 19.45%；福建的种植面积、产量因香蕉枯萎病而大幅下滑，降幅分别达到 59.05%、57.61%；广西的种植面积、产量也因香蕉枯萎病及 2018 年年末的价格低迷而小幅下滑；云南、海南、四川、贵州种植面积均小幅扩大。

### （二）香（大）蕉品种结构呈现多样化趋势

受香蕉枯萎病和市场价格影响，全国香蕉主产区品种结构发生较大变化，抗枯萎病香蕉品种及特色蕉种植面积进一步扩大，香蕉抗枯萎病品种种植面积达 45 万亩，占全国总面积的 8.65%，同比增加 55.17%。贡蕉、粉蕉等特色蕉种植面积达 72 万亩，占全国总面积的 13.85%。

**（三）净进口贸易量大幅上扬，消费量增加**

2018 年，全国香（大）蕉净进口量为 152.55 万吨，同比增加 49.06%，其中，主要进口来源地区仍以东南亚为主。中国香（大）蕉消费量达到 1 332.72 万吨，同比增加 2.78%，成为世界第二大香（大）蕉消费国。此外，进口蕉市场格局也在发生改变，香（大）蕉贸易市场的主导从大型跨国公司转向超市型和大型零售跨国公司，中国最大进口蕉贸易商佳农食品控股（集团）股份有限公司在进口蕉市场所占份额继续扩大，2018 年该公司香（大）蕉进口总量达 31 万吨，较 2017 年增长了 130%，挤占了金吉达（Chiquita）、都乐（Dole）和德尔蒙（Del Monte）等香（大）蕉贸易跨国公司的市场份额。

**（四）香蕉生产成本有所下降**

受香蕉枯萎病及 2015—2017 年香蕉行情偏弱影响，部分香蕉种植企业弃蕉改种其他作物，导致香蕉土地成本有所下降；同时，由于香蕉绿色生产技术的研发和推广力度加大，香蕉水肥一体化技术日趋完善，智能化和信息化技术在香蕉园的推广应用，采收和包装机械化水平的提高，这些现代农业技术集成应用降低了香蕉生产要素如化肥、农药、劳动力等的投入成本。

## 四、香（大）蕉产业发展存在的主要问题

### （一）香蕉枯萎病日趋严重

自 1996 年在广州番禺香蕉基地发现感染枯萎病四号小种开始，香蕉枯萎病迅速蔓延至海南、广西、云南、福建等香蕉主产区，2016 年、2017 年发病率达到 15%~20%，部分基地甚至达到 30%。据广西农业科学院调查发现，广西 95% 的蕉园有病，超过 10% 的蕉园发病率达到 30% 以上，已经没有未感染的生地种植，如今每年因枯萎病香蕉种植面积减少 20 万亩；云南农业科学院调查发现，云南西双版纳、红河州、文山州等也受到香蕉枯萎病威胁，西双版纳枯萎病发生情况最严重，其种植面积从 2015 年的 46 万亩减少到 2017 年的 34 万亩，山地蕉枯萎病发生率相对较轻，海拔在 600 亩以上的蕉园发病概率小；海南近两年有 60% 的蕉园种植了'宝岛蕉''南天黄'等香蕉抗病品种，香蕉枯萎病的蔓延得到一定控制。目前，我国虽然育有多个香蕉抗枯萎病品种，但枯萎病发生率却在上升，很大原因在于二级苗市场的不健全（二级苗培育或假植过程往往是黄叶病染病和病菌扩散的过程）。

### （二）香蕉自主品牌仍有待培育壮大

近年来，我国陆续培育了一些香蕉区域品牌、企业品牌和产品品牌，南宁香蕉、浦北香蕉、高脚遁地蕾香蕉、麻涌香蕉、天宝香蕉、乐东香蕉和河口香蕉等区域品牌获得国家农产品地理

标志认证，企业品牌有广西金穗、广西建大金牛、海南天地人和云南明鹏等，产品品牌有绿水江、金纳纳、洛洛香、连祺等。但是，目前国产香蕉知名自主品牌仍处于空白状态，中国果品流通协会 2017 年评出的十大香蕉品牌佳农、金纳纳、金地黄金牛、天地人、连祺、晋金顺达、睿展、永信恒昌等，除佳农品牌发展较好、被国人所熟知外，其他品牌近两年发展均不理想；由于国产香（大）蕉质量不稳定，尚不能达到国内中高端市场的要求，难以进入中高端市场，产品溢价低，价格一直在低位徘徊。有必要加强国内知名自主品牌培育，提高我国国产香蕉国际市场竞争力。

### （三）绿色种植管理技术及采后技术应用不足

部分蕉农对应用绿色、安全的栽培管理技术开展病虫害防治、肥水管理等积极性不高，存在农药、化肥施用量过大的情况，极大地影响了香（大）蕉品质，导致香（大）蕉甜度降低、香味变淡；部分蕉农在田边地头随意丢弃废弃农药瓶、化肥袋、香（大）蕉副产物的行为，易给种植地周边水源造成污染，严重影响了种植地周边的生态环境。此外，国内香（大）蕉处理技术体系不够健全，易发生机械损伤，导致香（大）蕉催熟后果皮产生黑斑，严重影响香（大）蕉果实的外观品质，货架期也会缩短。

## 五、香（大）蕉产业发展展望

### （一）种植面积与产量将有所增加

受 2018 年香蕉价格上扬刺激，蕉农种植积极性有所提高，香蕉主产区尤其是广西的种植面积呈现快速回升的趋势，如果无重大自然灾害发生，中国香蕉种植面积将小幅回升，产量仍有增加的空间。随着抗病品种配套栽培管理技术、采后处理和保鲜技术等的成熟和完善，以及物流技术的成熟，抗病品种和特色蕉种植面积将进一步增加。

### （二）市场价格将有可能下滑

受国内香蕉种植面积增加影响，预计 2019 年市场香蕉供需将有可能出现供大于求，加上我国香蕉加工能力不足，价格易受市场影响，价格较 2018 年小幅下滑。阶段性增降幅及时间取决于替代水果产量和价格的变动、价格需求弹性及消费者收入水平等。

### （三）出口市场仍不乐观

作为中国香蕉出口的重要目的国，朝鲜、蒙古国的政治、经济形势不乐观，加上欧洲、美国的贸易壁垒，中国香蕉出口形势前景并不看好。

### （四）多样化香（大）蕉果品将不断涌现

随着农业供给侧结构性改革的深入，产业相关扶持政策的出台、产业结构不断调整以及市场竞争的优胜劣汰，熟谙市场规律的新型经营主体不断涌现，粉蕉、贡蕉、大蕉等特色香蕉的新品种将被大面积推广种植，香蕉果品市场将呈现多样化局面。

## 六、香（大）蕉产业发展建议

### （一）加强香（大）蕉绿色防控技术推广应用

针对中国香蕉枯萎病发生现状，有必要强化一级种苗、二级级种苗的生产经营监管，实施标准化脱毒育苗，建立种苗生产检测、检疫、可追溯及追责等制度，确保种苗安全供应。应开展精准施肥、用药和灌溉技术的研发，提高化肥农药使用效率和灌溉效率，保障香（大）蕉产出高效和生态环境安全。加快病虫害综合绿色防控、果实养护及无伤采收等标准化生产技术的示范与推广，重点示范推广以抗病品种、有机肥、生物菌肥为核心的香蕉枯萎病综合绿色防控技术，实现化肥农药减施增效，有效解决目前产业发展面临的香蕉枯萎病防控难、绿色环保技术不完善、要素配置效率低、生产成本上升快以及产业竞争力不高等问题。

### （二）实施香（大）蕉品牌发展战略

强化自主品牌培育，提高中国香（大）蕉产品市场占有率。一是强化香（大）蕉生产标准化建设。以推进要素集约、资源集聚、技术集成为重点，建设一批香（大）蕉标准化生产基地，提高香（大）蕉产品品质和质量。二是提高香（大）蕉采后处理能力。通过加强香（大）蕉冷链保鲜技术研发，无损伤机械化采收、转运与采后处理关键技术与装备研发，以及建立标准化保鲜及催熟技术规程，提高香（大）蕉商品化质量和标准化生产程度。三是规范包装标准。加强品牌农产品包装标识使用管理，提高包装标识识别度和使用率，并推动流水化加工厂的建设。四是强化冷链物流基础设施建设，加大冷链物流运输环节投入，建立高效的冷链物流体系，提高冷链物流通畅和效率。五是加大香（大）蕉品牌营销推介力度。创新营销手段，通过举办国际香（大）蕉产业交流会、香（大）蕉节等各类宣传活动，扩大中国香（大）蕉本土品牌知名度。

### （三）调整优化香（大）蕉品种结构和上市时间

综合考虑国外香（大）蕉产业布局、采收季节及品种、市场需求，各级政府和果业主管部门要加强调控力度，积极制订香（大）蕉产业发展规划，立足当地资源优势，加大力度引导农民调整香蕉种植季节，合理调整香蕉秋、冬、春种植比例，做到均衡上市，避免供过于求。合理调整西贡蕉、鸡蕉、香牙蕉等香蕉品种的种植比例，控制香牙蕉的种植比例，扩大西贡蕉、鸡蕉、红香蕉等名优特蕉的比例，适度引种香蕉加工品种，实现香蕉的均衡上市和促进品种多元化，满足不同消费者的需求，提高国产香蕉国际竞争力。

# 2018 年木薯产业发展报告

## 一、世界木薯产业概况

### （一）世界木薯生产情况

据联合国粮农组织（FAO）统计，2017 年世界木薯种植面积为 3.95 亿亩，同比增长 1.8%（图 1）；其中，非洲木薯种植面积为世界木薯种植总面积的 76.8%，亚洲为 14.8%，美洲为 8.3%；世界木薯种植面积较大的国家有尼日利亚、刚果、泰国、巴西、乌干达，分别占世界总面积的 25.8%、14.7%、5.1%、5.0%、4.5%，共计 55.1%。

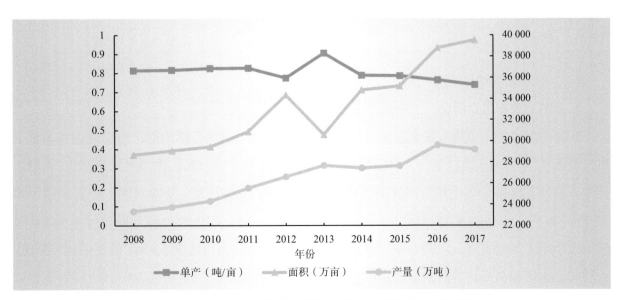

图 1  2008—2017 年世界木薯种植面积、产量及单产变化趋势

2017 年世界木薯产量为 29 199.3 万吨，同比减少 1.4%（图 1）。其中，非洲木薯产量约为世界木薯总产量的 60.9%，亚洲约为 29.4%，美洲约为 9.6%；世界木薯主产国分别为尼日利亚、刚果、泰国、印度尼西亚、巴西等，分别占世界的 20.4%、10.8%、10.6%、6.5%、6.4%，总计达 54.8%。

随着科学技术的进步与木薯育种水平的提高，2008—2017 年世界木薯平均单产虽有波动，但整体呈增长趋势，2017 年受不良气候、病虫害等影响，木薯平均单产仅为 0.7 吨/亩，同比减少 2.6%（图 1）。世界五大木薯主产国尼日利亚、刚果、泰国、印度尼西亚、巴西的木薯单产分别为 0.58 吨/亩、0.54 吨/亩、1.54 吨/亩、1.63 吨/亩、0.96 吨/亩，分别为 2018 年世界木薯单产的 0.8 倍、0.7 倍、2.1 倍、2.2 倍、1.3 倍（表 1）。

| 表 1 | 世界及木薯主产国单产情况 |
|------|-------------------------|

（单位：吨/亩）

| 国家和地区 | 2008 年 | 2009 年 | 2010 年 | 2011 年 | 2012 年 | 2013 年 | 2014 年 | 2015 年 | 2016 年 | 2017 年 | 平均 |
|-----------|---------|---------|---------|---------|---------|---------|---------|---------|---------|---------|------|
| 世界 | 0.81 | 0.81 | 0.83 | 0.83 | 0.77 | 0.91 | 0.79 | 0.79 | 0.79 | 0.74 | 0.81 |
| 尼日利亚 | 0.79 | 0.79 | 0.81 | 0.75 | 0.53 | 0.93 | 0.58 | 0.62 | 0.61 | 0.58 | 0.70 |
| 刚果共和国 | 0.54 | 0.54 | 0.54 | 0.54 | 0.54 | 0.54 | 0.54 | 0.54 | 0.54 | 0.54 | 0.54 |
| 泰国 | 1.42 | 1.51 | 1.25 | 1.29 | 1.46 | 1.45 | 1.48 | 1.50 | 1.42 | 1.54 | 1.43 |
| 印度尼西亚 | 1.21 | 1.25 | 1.35 | 1.35 | 1.43 | 1.50 | 1.56 | 1.53 | 1.59 | 1.63 | 1.44 |
| 巴西 | 0.94 | 0.93 | 0.93 | 0.97 | 0.91 | 0.94 | 0.99 | 1.01 | 0.99 | 0.96 | 0.96 |

### （二）世界木薯贸易情况

#### 1. 世界木薯进出口情况

2008—2017 年，世界木薯干进出口量波动较大，并在波动中不断增加，2017 年世界木薯干出口量为 17.1 万吨，出口额为 4.1 亿美元，出口量同比减少 97.5%，出口额同比减少 73.5%。其中，哥斯达黎加、乌干达、印度尼西亚、荷兰和斯里兰卡等为主要出口国，分别占世界的 63.0%、8.8%、5.1%、4.3% 和 2.6%，总计达 83.7%。2017 年世界木薯干进口量为 882.0 万吨，进口额为 20.0 亿美元，进口量同比减少 18.6%，进口额同比减少 6.8%，其中中国、韩国、土耳其、美国和乌干达等为主要进口国，分别占世界的 92.2%、3.0%、2.9%、0.9% 和 0.1%，总计为 99.1%（图 2）。

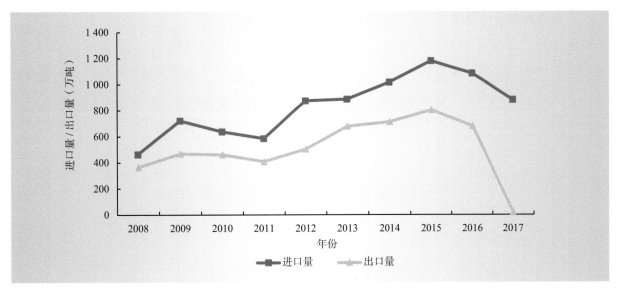

图 2　2008—2017 年世界木薯干进出口变化趋势

　　2008—2017 年，世界木薯淀粉进出口量波动较大，并在波动中不断增加，2017 年世界木薯淀粉出口量为 68.0 万吨、出口额为 7.9 亿美元，出口量同比减少 86.4%、出口额同比减少 58.9%。其中，越南、巴拉圭、印度尼西亚、德国、巴西等为主要出口国，分别占世界的 91.0%、3.5%、1.7%、0.7% 和 0.7%，总计为 97.4%。2017 年世界木薯淀粉进口量为 403.3 万吨、进口额为 14.2 亿美元，进口量同比增加 2.0%、进口额同比减少 3.8%。其中，中国、印度尼西亚、马来西亚、日本、菲律宾等为主要进口国，分别占世界进口总量的 57.8%、9.6%、7.7%、3.7% 和 2.8%，总计为 81.5%（图 3）。

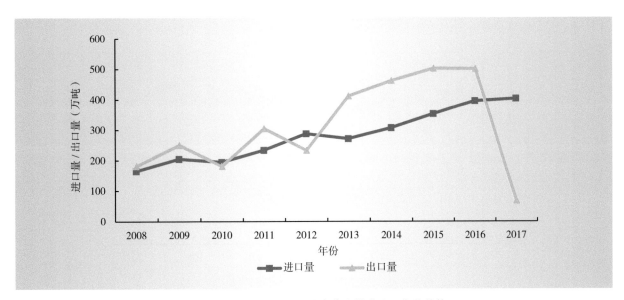

图 3　2008—2017 年世界木薯淀粉进出口变化趋势

### 2. 世界木薯价格情况

2018 年，中国木薯干平均价格为 1 783.2 元／吨，同比上涨 20.0%；泰国为 1 534.3 元／吨，同比上涨 33.0%；越南为 1 677.6 元／吨，同比上涨 34.1%。中国木薯干平均价格比泰国高 16.2%，比越南高 6.3%。从月度价格变化趋势来看，中国木薯干价格均高于泰国和越南，且 10 月价格最高（图 4）。

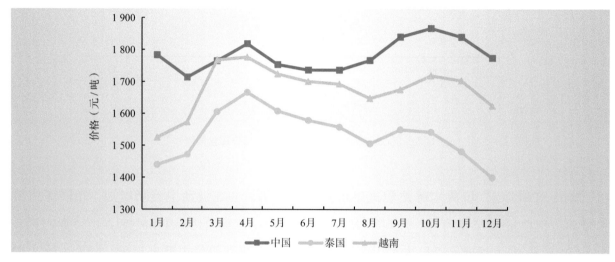

图 4　2018 年木薯干月度价格变化趋势

2018 年，中国木薯淀粉平均价格为 4 020.3 元／吨，同比上涨 31.1%；泰国为 3 280.2 元／吨，同比上涨 40.1%；越南为 3 545.4 元／吨，同比上涨 34.1%（图 5）。中国木薯淀粉平均价格比泰国高 22.6%，比越南高 13.4%。从月度价格变化趋势来看，2018 年中国木薯淀粉价格均高于泰国和越南，越南木薯淀粉价格均高于泰国。

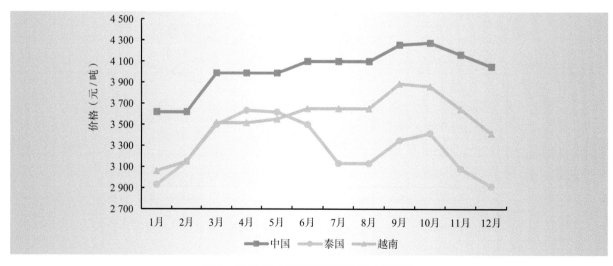

图 5　2018 年木薯淀粉月度价格变化趋势

### （三）世界木薯消费情况

目前，木薯和木薯产品的消费形式以饲料、加工、食品以及其他用途等为主，各主产区木薯的应用、消费情况差异较大。据 FAO 统计，亚洲木薯主要用于饲料、食品和其他用途；非洲木薯主要用于饲料和食品；美洲也主要用作饲料和食品（图 6）。

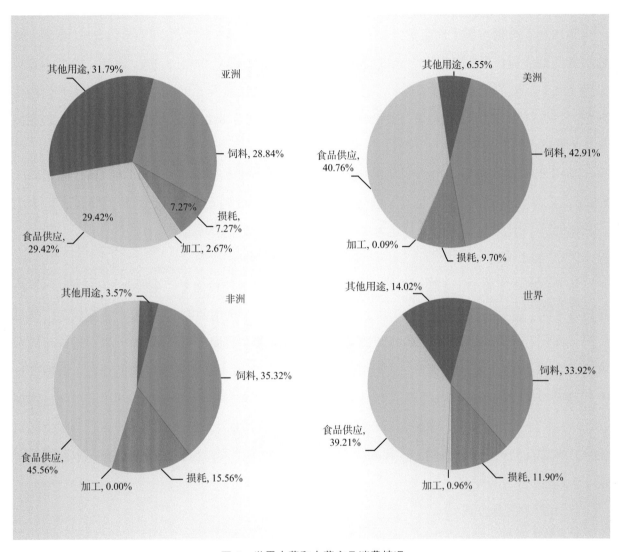

图 6　世界木薯和木薯产品消费情况

## 二、中国木薯产业基本情况

### （一）生产情况

#### 1. 种植面积

中国木薯主产区包括广西、广东、海南、云南、福建等 5 省（自治区），近几年中国木薯种植面积呈现递减趋势。据农业农村部农垦局统计，2018年全国木薯种植面积为438.7万亩，同比下降7.4%。其中，广西木薯种植面积为273.4万亩，同比减少9.3%；广东为123.0万亩，同比增加1.6%；海南为17.2万亩，同比减少26.3%；云南为18.2万亩，同比增加146.1%；福建为5.9万亩，同比减少69.4%；湖南为1.1万亩，同比减少12.6%。

**2. 总产量、单产水平和总产值**

2018年，全国木薯干片产量为251.2万吨，同比减少7.4%，广西、广东、海南、云南、福建木薯产量分别占我国木薯总产量的67.0%、21.1%、3.0%、5.0%、3.3%。其中，广西木薯产量为168.3万吨，同比减少2.2%；广东为53.1万吨，同比减少5.8%；海南为7.4万吨，同比减少38.6%；云南为12.5万吨，同比增加259.3%；福建为8.2万吨，同比减少67.5%；湖南为1.8万吨，同比减少13.8%。

2018年中国木薯平均单产为0.55吨/亩，其中，广西木薯单产为0.56吨/亩，同比减少1.8%；广东为0.45吨/亩，同比减少4.3%；海南为0.43吨/亩，同比减少17.3%；云南为0.9吨/亩，同比增长17.6%；福建为1.40吨/亩，同比增长6.9%。

**（二）加工情况**

目前，国内木薯加工主要以淀粉和燃料乙醇为主。木薯淀粉加工厂主要分布在广西、云南、海南、广东、福建、江西等省。2018/2019年木薯淀粉榨季全国共有约38家木薯淀粉工厂开机生产，同比有较大幅度下降。2018/2019年榨季广西木薯在产淀粉工厂数为25家，比去年同期减少11家，淀粉产量20.5万吨，同比减少26.4%；海南为4家，与去年同期相同，淀粉产量0.7万吨，同比减少49.4%；云南为5家，与去年同期相同，木薯淀粉产量3.8万吨，同比增加26.1%；广东新增为2家，木薯淀粉产量0.7万吨，同比增加100%；江西为1家，与去年同期相同，木薯淀粉产量0.4万吨，同比减少20.2%；福建为1家，与去年同期相同，木薯淀粉产量0.3万吨，同比持平。

**（三）产业经营方式**

**1. "龙头企业 + 专业合作社 + 基地 + 农户"**

以广西农垦明阳生化集团股份公司为典型代表。明阳生化集团是农业产业化国家重点龙头企业、全国规模最大木薯变性淀粉企业，通过与木薯合作社合作，建立和发展木薯原料种植基地，辐射带动当地农户种植木薯，促进木薯种植者增收，稳定企业原料供给。

**2. "龙头企业 + 产业协会 + 基地 + 农户"**

由木薯龙头企业、木薯专业协会、基地及订单种植农户共同构成一个有机整体。广西成立省（自治区）级木薯协会及市县级木薯协会，木薯产业龙头企业依托木薯协会，建立和发展木薯种植基地，带动周边农户种植木薯，既稳定了木薯加工厂的原料来源，也提升了木薯产业的规模化和科技化水平。

### 3. "公司 + 基地 + 农户"

由公司、基地和农户组成一个有机整体，是一种龙头企业带动型的产业化组织模式。2018年广西柳州某餐饮有限公司建立了食用木薯种植、加工、销售一条龙产业化发展模式，在南宁和柳州两地共建了 500 亩食用专用木薯基地，建成专用木薯冷库 5 个，总容积 800 立方米。在南宁、柳州、桂林、北海、武汉、上海、广州、深圳等地开张经营 20 多家木薯食品连锁店，年销售额超过 1 000 万元，研发的木薯羹等风味食品成为网红食品，间接促进合作木薯种植户增收。

### 4. "专业合作社 + 科研单位 + 龙头企业 + 基地 + 农户"

由专业合作社、科研单位、龙头企业、基地和农户组成一个有机整体。广西北海市合浦县宏运木薯农民专业合作社与广西大学、广西农业科学院、广西亚热带作物研究所、合浦县农科所、中国热带农业科学院等科研院所及广西中粮生物质能源有限公司合作建立了良好的合作关系，建立科研试验基地和木薯示范基地，获得稳定的技术支撑，积极吸引当地农民加入合作社，实现了木薯产业规模化发展。

### （四）科研水平

**木薯机械化种收及相关配套技术方面**，木薯产业技术体系持续开展木薯宽窄双行起垄种植模式的探索和配套木薯生产机械化技术与装备的研制与优化改进，形成了 1 套适宜机械化生产的木薯宽窄双行起垄种植模式，研制了 1 台预切种式木薯种茎自动切种机样机，改进卧式木薯杆粉碎还田机、履带自走式木薯杆联合收获机、振动链式木薯起薯收获机等。在木薯宽窄双行起垄种植模式下，基本实现木薯"种、管、收"生产的全程机械化，显著提高作业效率和降低了生产成本。

**木薯栽培管理技术方面**，木薯产业技术体系发布《木薯种茎贮藏与处理技术规程》，出版《木薯营养施肥研究与实践》，优化集成耐旱耐瘠栽培技术，持续开展木薯病虫害监测预警与风险评估，进一步完善我国木薯病虫害基础信息数据库与共享应用平台。优化完善减药减肥绿色生产管理技术体系，针对性研发特色木薯食用产品，提质增效助推产业扶贫乡村振兴。

**构建木薯北移技术体系方面**，国家木薯产业技术体系研发团队筛选适合于木薯北移的早熟高产品种 12 个、适于粮饲化的高产品种 10 个及适于机械化种植的高产品种 5 个，建立了木薯繁育试验示范基地 4 个，联合南昌、长沙、桂林和三明 4 个综合试验站，开展病害联合调查，获得了木薯北移木薯病害发生与为害基础数据，为木薯北移病害研究提供了更多的数据支撑，有效推动木薯产业北移发展。

## 三、中国木薯市场形势分析

### （一）价格情况

2018年，国内市场鲜木薯主产区收购价为 560~700 元/吨，同比上升 22.4%。其中，广西北海 650~700 元/吨，广西南宁 520 元/吨，海南 500~600 元/吨，均价为 610 元/吨。

2018年，国内木薯干平均价格为 1 783.2 元/吨，同比上涨 20.0%。全年木薯干价格整体保持平稳趋势，其中 2 月价格，最低为 1 713.8 元/吨，10 月价格最高，为 1 867.8 元/吨。据淀粉世界网统计，2018年，国内木薯淀粉的平均价格为 4 020.3 元/吨，同比上涨 31.1%。全年木薯淀粉价格呈上升趋势，其中 1、2 月价格最低，为 3 618.8 元/吨，10 月价格最高，为 4 275.0 元/吨（图 7）。

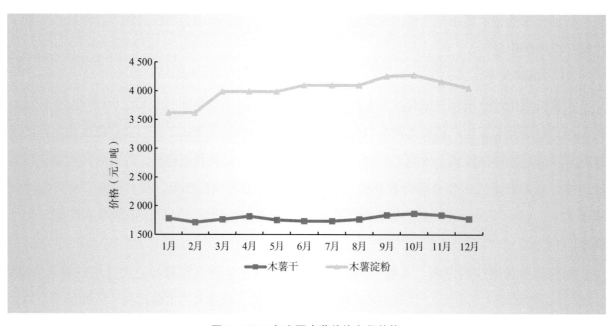

图 7　2018 年中国木薯价格变化趋势

### （二）进出口情况

#### 1. 木薯干进出口

据海关统计，2009—2018 年，中国木薯干进出口量波动较大。2018年，中国木薯干进口量为 474.4 万吨，进口额为 11.3 亿美元，分别同比下降 40.7% 和 21.8%。其中，主要进口国家为泰国 415.59 万吨、越南 53.36 万吨，分别占总进口量的 87.6%、11.25%。2018年，国内木薯干出口量为 9.7 吨，出口额为 16 120.0 美元，分别同比下降 5.0% 和增长 146.9%（图 8）。

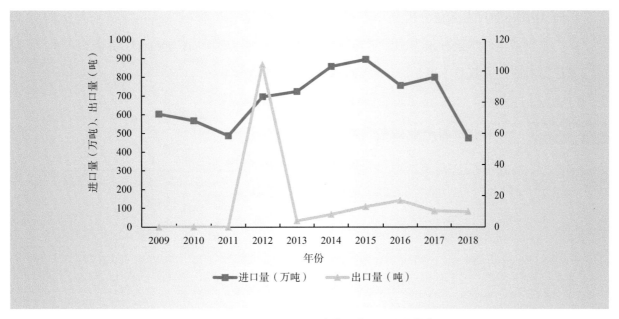

图 8　2009—2018 年中国木薯干进出口变化趋势

## 2. 木薯淀粉进出口

据海关统计，2009 —2018 年，中国木薯淀粉进出口量波动较大，并在波动中不断增加。2018 年，中国木薯淀粉进口量 200.9 万吨，进口额 9.4 亿美元，分别同比减少 13.8% 和增长 22.1%。其中，主要进口国家为泰国和越南，分别占总进口量的 79.6% 和 17.4%。木薯淀粉出口量 699.8 吨，出口额 112.0 万美元，分别同比增长 29.3% 和 157.0%。（图 9）。

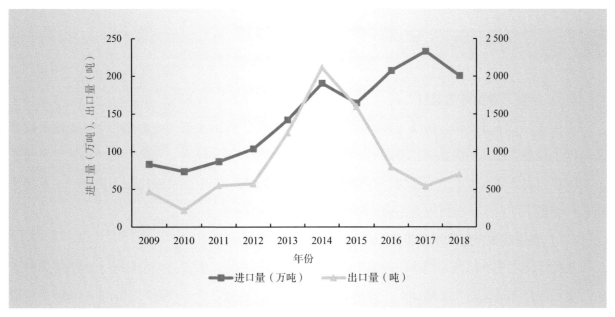

图 9　2009—2018 年中国木薯淀粉进出口变化趋势

## （三）中国木薯产业效益分析

以广西贵港市的木薯种植为例，鲜木薯销售价格以 2018/2019 榨季的收购价格 650 元 / 吨为标准来计算木薯产业效益（表 2）。

**表 2　　单种木薯产业效益分析**

| 项目 | 投入成本（元 / 亩） | | | | | | | 产量（吨） | 收入（元） | 纯收入（元） |
| | 种子 | 肥料 | 农药 | 机耕 | 人工 | 地膜 | 合计 | | | |
| --- | --- | --- | --- | --- | --- | --- | --- | --- | --- | --- |
| 单种 | 90 | 260 | 40 | 90 | 320 | 30 | 830 | 2.5 | 1625 | 795 |

木薯与西瓜套种可获得较高效益。一般西瓜单产为 2.5~3 吨 / 亩，产地收购价 1 200 元 / 吨，西瓜每亩收入 3 000 元左右；木薯单产为 2.0~2.5 吨 / 亩，木薯产值 1 600~2 000 元。由此计算，木薯与西瓜套种模式亩产值 4 600~5 000 元，利润为 3 000~4 000 元 / 亩，比单种木薯增收约 2 000 元 / 亩。

木薯一般用于加工木薯淀粉和木薯酒精，国产普通粉的售价在 3 800 元 / 吨左右，品牌粉的售价在 4 000 元 / 吨左右，木薯酒精平均售价在 5 300~5 700 元 / 吨。广西、湖南、福建、海南等省区也将木薯加工成木薯全粉、木薯粉条、木薯脆片、木薯粽子、木薯月饼等系列食品，其产值倍增，经济效益增长了约 2 倍以上。

## 四、木薯产业存在的主要问题

### （一）木薯产业整体效益低

近年来，受木薯淀粉行情低迷和国际原料低价的冲击，我国木薯产业萎缩严重，面临严峻考验。因生长条件及品种的影响，不同地区木薯产量和含粉率差异较大，农机农艺的协调发展面临一定困难。农资和用工成本上涨快，部分产区缺乏标准化栽培和生产机械化应用的推广，木薯价格在榨季期间波动大，整体效益不高。

### （二）食用木薯推广利用举步维艰

在传统的木薯种植区，例如广西南宁市武鸣区、平果县等，木薯品种主要是工业用的品种为主，用于生产木薯淀粉和酒精加工，食用木薯品种推广种植非常少。产业规模的缩小和种植结构的调整极大限制着食用木薯品种的推广。

### （三）缺乏木薯食用化标准

目前，鲜木薯加工食品发展迅速，在广西、广东等地以"木薯羹"为主要产品的个体经营、连锁经营快速发展，主要销售模式包括实体店和电商外卖，其原料经采收后冷冻贮藏。但因缺乏原料和加工标准化，木薯羹的口感、品质不稳定。部分食用木薯的加工企业对木薯的利用及其功能的认识较为片面，对外宣传的方式方法在短期内有一定的效果，但缺乏科学性和客观性。

## 五、木薯产业发展展望

### （一）中国木薯种植面积、产量将继续下降

受劳动成本、土地租金上涨及其他作物经济效益上升等因素的影响，特别是大量质优价廉的木薯干、木薯淀粉从东南亚进口，中国木薯比较经济效益明显下降，导致薯农种植积极性不高，预计中国木薯种植面积将有所减少，薯干产量将也有所减少。

### （二）国内木薯类产品价格将有所回升

受人民币汇率持续贬值及玉米淀粉持续走高的带动，与 2018 年相比，国内市场木薯干片的价格将呈现稳中有升的态势，价格将基本维持在 1 700~2 000 元 / 吨；木薯淀粉市场价格预计有所上升，产区市场平均价格预计为 3 800~4 300 元 / 吨，销区预计 4 100~4 600 元 / 吨；木薯酒精的需求相对会增加，预计市场价格有所上升，平均价格预计在 5 400~5 900 元 / 吨波动。

### （三）木薯淀粉进口量将持续增加

因泰国、越南木薯淀粉存在价格优势，我国木薯淀粉进口量将继续增加。预计我国鲜、冷、冻或干的木薯进口量将有所减少，木薯淀粉进口量持续增加，总量将达到 800 万吨左右，进口价格将基本维持稳定。

## 六、木薯产业发展建议

### （一）加快木薯产业向多元化领域发展

目前，中国木薯产业正在向食用化、饲用化、能源化等等多元化领域发展。国家发改委等15 部门联合下发的《关于扩大生物燃料乙醇生产和推广使用车用乙醇汽油的实施方案》要求，到 2020 年在全国范围推广使用乙醇汽油，实现基本覆盖；2018 年，国务院常务会议确定了生物燃料乙醇产业总体布局，要求加快建设木薯燃料乙醇项目。木薯作为重要的生物质原料之一，其重要性和战略地位更加突出，对木薯及木薯加工品的需求会进一步扩大。要加大科研支持力度，培育高产、含粉率高的木薯品种，研发轻简化、小型化种植、收获、剥皮机械等农机设备提高生

产效率，淘汰产能落后的木薯加工企业，加工产品应向多样化、系列化发展，延伸产业链，拓宽价值链。

**（二）实施木薯产业国际交流与合作策略**

由于国内木薯生产成本大幅上涨，木薯生产的比较效益逐步降低，种植规模不断缩减，竞争力水平不断降低，中国木薯对外依存度较高，其木薯价格受泰国和越南等主要木薯贸易国的影响较大。在"一带一路"倡议背景下，更需要鼓励农业企业"走出去"发展。目前已有部分企业到越南、柬埔寨等东南亚国家投资开发木薯种植项目与合作建厂，政府部门有必要鼓励企业提升"走出去"发展质量，在东南亚、非洲等适合种植木薯的国家建立集中连片的木薯原料基地和配套加工基地，扩大原料供应能力。

**（三）"科研＋企业"联合促进木薯食用化快速发展**

科研单位与企业联合研发攻关产业关键技术，深入研究食用木薯冷冻贮藏保鲜技术、冷冻木薯品质变化和冷冻木薯加工等技术，加快鲜食木薯加工品的标准制定等。充分利用特色小镇、农业生态旅游推广节等渠道展示、宣传食用木薯，挖掘木薯产业多元化发展潜能。

# 2018 年芒果产业发展报告

## 一、世界芒果产业概况

### （一）世界芒果生产情况

全世界共有 100 多个国家从事芒果商业化生产，亚洲是最大的芒果产区，其次是非洲和美洲（图 1）。近年来全球芒果收获面积较为稳定，据联合国粮农组织（FAO）统计，2017 年，世界芒果收获面积 8 521.97 万亩，同比增长 4.72%。其中，印度 3 318.00 万亩、泰国 670.09 万亩、中国 386.80 万亩、印度尼西亚 303.82 万亩、菲律宾 291.55 万亩、墨西哥 282.97 万亩、科特迪瓦 261.78 万亩、巴基斯坦 253.85 万亩、孟加拉国 238.56 万亩、尼日利亚 201.70 万亩，分别占世界总面积的 38.94%、7.86%、4.75%、3.57%、3.42%、3.32%、3.07%、2.98%、2.80%、2.37%。

近年来，世界芒果产量和单产水平增长缓慢。2017 年，世界芒果产量 5 064.91 万吨，同比增长 8.90%，其中，印度 1 950.60 万吨、泰国 382.43 万吨、印度尼西亚 256.60 万吨、中国 205.35 万吨、墨西哥 195.85 万吨、巴基斯坦 168.53 万吨、巴西 154.76 万吨、孟加拉国 151.77 万吨、埃及 135.13 万吨、马拉维 132.37 万吨，分别占世界的 38.51%、7.55%、5.07%、4.05%、3.87%、3.33%、3.06%、3.00%、2.68%、2.61%（图 2）。世界芒果平均单产 652.31千克/亩，同比增加 1.69%，其中，单产排在前五位的是圭亚那 2 826.92 千克/亩、萨摩亚 2 523.14 千克/亩、以色列 1 715.38 千克/亩、瓜德罗普 1 542.75 千克/亩、苏丹 1 351.10 千克/亩。

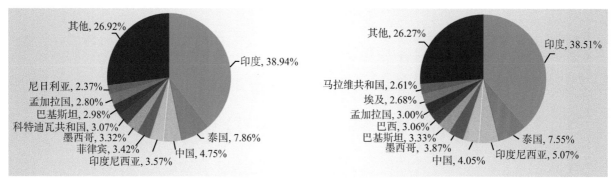

图 1　2017 年世界主要芒果生产国芒果收获面积占比　　　　图 2　2017 年世界主要芒果生产国芒果产量占比

2008—2017 年世界芒果生产情况总体呈现逐步上升的趋势，其中收获面积共增加 1 650.62 万亩、平均年递增率 2.40%（图 3）；产量共增加 1 620.31 万吨、平均年递增率 4.70%（图 4）。

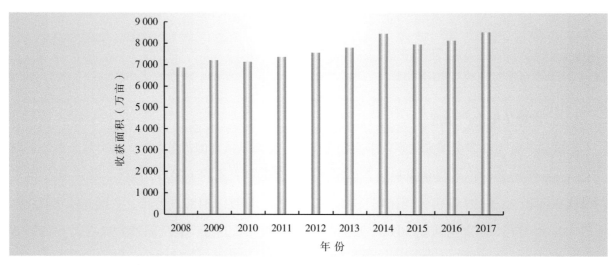

图 3　2008—2017 年世界芒果收获面积变化趋势

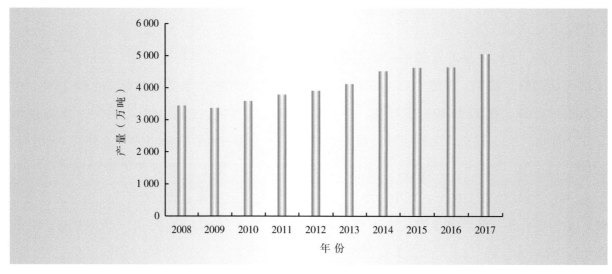

图 4　2008—2017 年世界芒果产量变化趋势

### （二）世界芒果贸易情况

世界芒果贸易三大主要市场为亚洲、美洲和非洲，且消费以当地鲜果为主。鲜芒果最大进口地区为北美洲和欧洲，主要进口国家有美国、荷兰、阿联酋、越南、英国、德国、法国、马来西亚、沙特阿拉伯、西班牙等；最大出口地区为亚洲和南美洲，主要出口国家有墨西哥、印度、泰国、秘鲁、巴西、荷兰、巴基斯坦、厄瓜多尔、西班牙、科特迪瓦等（表1）。

**表 1　　2017 年世界前十大芒果进口国和出口国贸易情况**

| 序号 | 进口国家 | 进口量（万吨） | 进口额（亿美元） | 出口国家 | 出口量（万吨） | 出口额（亿美元） |
|---|---|---|---|---|---|---|
| 1 | 美国 | 44.66 | 4.70 | 墨西哥 | 36.93 | 3.79 |
| 2 | 荷兰 | 18.97 | 2.87 | 印度 | 19.34 | 2.03 |
| 3 | 阿联酋 | 10.34 | 1.06 | 泰国 | 18.33 | 1.66 |
| 4 | 越南 | 9.95 | 0.73 | 秘鲁 | 15.71 | 1.98 |
| 5 | 英国 | 8.16 | 1.70 | 巴西 | 15.44 | 1.80 |
| 6 | 德国 | 7.49 | 1.76 | 荷兰 | 14.00 | 2.87 |
| 7 | 法国 | 5.81 | 1.27 | 巴基斯坦 | 8.27 | 0.66 |
| 8 | 马来西亚 | 5.12 | 0.18 | 厄瓜多尔 | 6.32 | 0.45 |
| 9 | 沙特阿拉伯 | 4.61 | 0.46 | 西班牙 | 3.42 | 0.70 |
| 10 | 西班牙 | 3.81 | 0.72 | 科特迪瓦 | 3.24 | 0.34 |
| — | 世界合计 | 155.36 | 21.43 | 世界合计 | 167.21 | 20.57 |

注：数据来源为 FAO，包含芒果、山竹和番石榴，按照 1996—2005 年这 10 年芒果占芒果、山竹、番石榴等三种作物比例平均数（面积占 95.89%、产量占 96.22%）计算

## 二、中国芒果产业基本情况

### （一）生产情况

#### 1. 种植情况

中国芒果种植区域主要分布在海南、广东、广西、云南、四川、贵州、福建等省（自治区）。据农业农村部农垦局统计，2018 年全国种植面积 417.34 万亩，同比增长 7.89%；收获面积 231.00 万亩，同比下降 5.02%。其中，广西种植面积 151.00 万亩、收获面积 59.12 万亩，分

别占全国总面积的 36.18% 和 25.59%；海南种植面积 85.03 万亩、收获面积 78.17 万亩，分别占全国总面积的 20.37% 和 33.18%；云南种植面积 111.11 万亩、收获面积 55.10 万亩，分别占全国总面积的 26.62% 和 23.85%；四川种植面积 41.14 万亩、收获面积 18.94 万亩，分别占全国总面积的 9.86% 和 8.20%；广东种植面积 20.00 万亩、收获面积 18.00 万亩，分别占全国总面积的 4.79% 和 7.79%；贵州种植面积 8.36 万亩、收获面积 2.55 万亩，分别占全国总面积的 2.00% 和 1.10%；福建种植面积 0.70 万亩、收获面积 0.65 万亩，分别占全国总面积的 0.17% 和 0.28%。

**2. 总产量、年产值及单产水平**

2018 年，全国总产量 237.61 万吨，同比增长 15.71%，其中，广西 73.47 万吨，同比增长 7.4%；海南 68.29 万吨，同比增长 20.38%；云南 47.39 万吨，同比增长 16.43%；广东 32.40 万吨，同比减少 10.74%；四川 14.03 万吨，同比增长 24.38%；贵州 1.04 万吨，同比减少 65.45%；福建 0.99 万吨，同比减少 3.22%。

2018 年，全国芒果总产值为 105.26 亿元，同比减少 16.07%。全国芒果平均单产为 981.84 千克 / 亩，同比增长 16.29%，其中，福建 1 523.08 千克 / 亩，广西 1 242.73 千克 / 亩，广东 1 200.00 千克 / 亩，位居全国前三位。

**3. 近年全国芒果生产情况变化趋势**

2009—2018 年全国芒果生产情况呈现稳步上升趋势。2009 年全国芒果种植面积 196.70 万亩，2018 年为 417.34 万亩，共增加了 220.64 万亩，平均年递增率 11.22%（图 5）；产量从 2009 年的 89.41 万吨增加到 2018 年的 226.81 万吨，共增加了 137.40 万吨，平均年递增率 15.37%（图 6）；单产水平从 2009 年的 454.55 千克 / 亩上升至 2018 年的 981.84 千克 / 亩，平均年递增率 11.60%（图 7）。

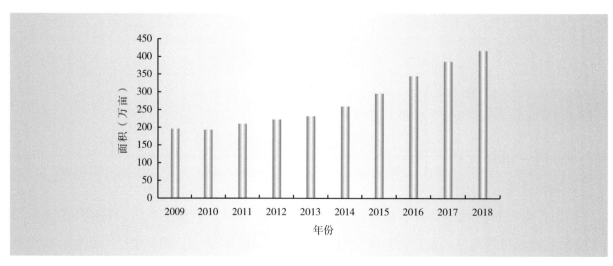

图 5　2009—2018 年全国芒果面积变化趋势

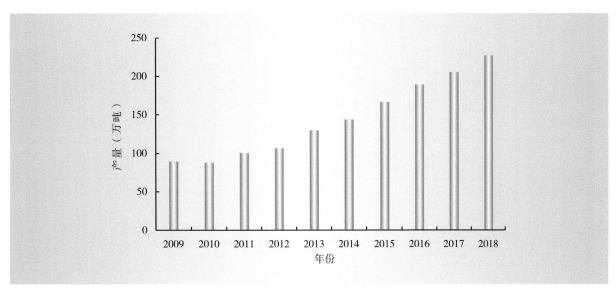

图 6　2009—2018 年全国芒果产量变化趋势

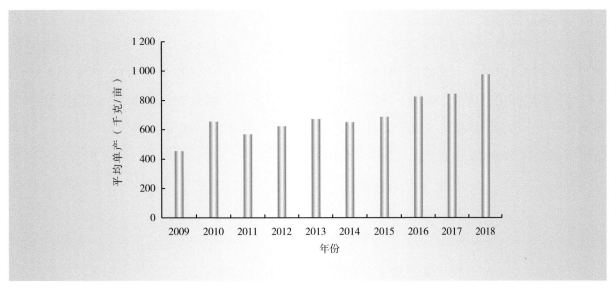

图 7　2009—2018 年全国芒果单位产量变化趋势

## （二）进出口贸易情况

据海关统计，2018 年我国鲜或干的芒果进口量为 10 914 吨，同比增长 112.91%，进口金额为 2 043 万美元，主要进口国家为泰国 4 958 吨、秘鲁 1 337 吨、澳大利亚 227 吨、菲律宾 167 吨，分别占进口总量的 45.43%、12.25%、2.08%、1.53%；出口量为 21 164 吨，同比减少 16.38%，出口金额为 3 687 万美元，主要出口地区为中国香港 7 832 吨和中国澳门 712 吨，分别占总出口量的 37.01% 和 3.36%，主要出口国家为越南 9 858 吨、俄罗斯 2 304 吨，分别占出口总量的 46.58%、10.89%（图 8）。

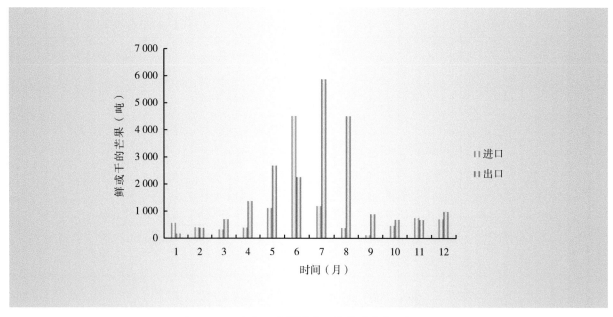

图 8　2018 年各月中国鲜或干的芒果进出口贸易量

2018 年芒果汁进口量为 1 766 吨，同比减少 17.86%，进口金额为 269 万美元，主要进口国家为菲律宾 1 110 吨、塞浦路斯 181 吨、以色列 162 吨，分别占进口总量的 62.85%、10.25%、9.17%。芒果汁出口量为 233 吨，同比增长 100.86%，出口金额为 25 万美元，主要地区为中国香港 119 吨，占总出口量的 51.07%，主要出口国家为韩国 65 吨、德国 10 吨、泰国 10 吨，分别占出口总量的 27.90%、4.29%、4.29%（图 9）。

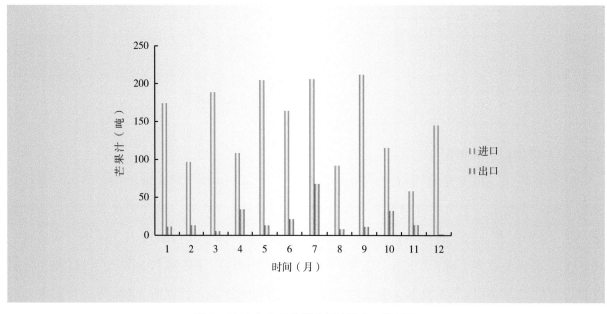

图 9　2018 年各月我国芒果汁进出口贸易量

### (三)市场情况

#### 1. 市场批发价格

2018 年全国农产品批发市场的芒果均价 12.12 元 / 千克,同比略降 0.57%,其中以 2 月(14.64 元 / 千克)最高,6 月最低(10.01 元 / 千克)。

从近 4 年(2015—2018 年)来统计数据可以看出(图 10),由于冬季新鲜水果供应较少、春节期间消费旺盛等因素影响,全年价格高点多出现在每年 1 月、2 月及 12 月;因每年 6—9 月有多种水果上市而消费选择多样化,芒果批发价格低点多出现在此期间。

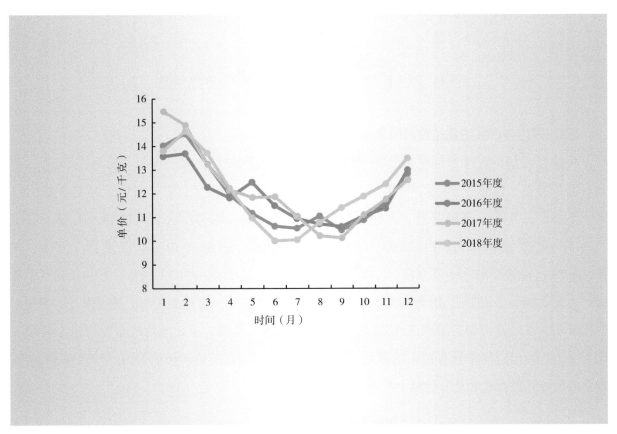

图 10 2015—2018 年全国农产品批发市场芒果价格走势

#### 2. 地头收购价格

2018 年全国芒果地头收购价格差异较大,为 2.4~20 元 / 千克,以广西的金穗 2.4 元 / 千克最低,广东的椰香及福建的金煌均为 20 元 / 千克最高。

对于全国主栽品种金煌和台农,金煌均价 8.03 元 / 千克,以 10 月、11 月、12 月(9.00 元 / 千克)最高,7 月最低(5.98 元 / 千克);台农 1 号均价 9.13 元 / 千克,其中以 11 月、12 月(18.00 元 / 千克)最高,1 月最低(5.92 元 / 千克)(图 11)。

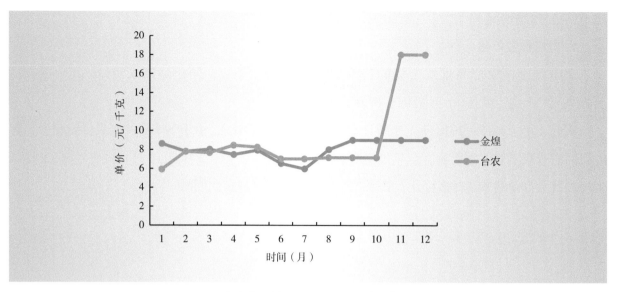

图 11　2018 年主栽品种金煌及台农 1 号地头收购价格走势

### （四）国内各产区主栽品种面积分布

2018 年，国内芒果产区主栽品种分别为台农 1 号、凯特、金煌、贵妃、桂热芒 82 号、圣心、帕拉英达、桂热芒 10 号、红（白）象牙、热农 1 号、椰香、红芒 6 号等，还有少量的红玉、澳芒、三年芒、金穗芒等。品种面积分布前 10 名的分别为：台农 1 号 54.9 万亩，占比 27.84%；凯特 39.5 万亩，占比 20.03%；金煌 29.6 万亩，占比 15.01%；贵妃 19.1 万亩，占比 9.69%；桂热芒 82 号 9.2 万亩，占比 4.66%；圣心 6.3 万亩，占比 3.19%；帕拉英达 5.1 万亩，占比 2.59%；桂热芒 10 号与红（白）象牙均为 4.9 万亩，占比 2.48%；热农 1 号 4 万亩，占比 2.03%。虽然国内芒果产区还是以台农 1 号、凯特、金煌、贵妃等传统品种为主（共计占比 72.57%），但近年来选育推广的新品种桂热芒 82 号、帕拉英达、桂热芒 10 号、热农 1 号等栽培面积逐升且有较大上升空间（表 2）。

| 表 2 | | | | | | | | | | | | | 2018 年国内芒果产区主栽品种面积分布 |

（单位：万亩）

| 主产区主栽品种 | 台农1号 | 凯特 | 金煌 | 贵妃 | 桂热芒82号 | 圣心 | 帕拉英达 | 桂热芒10号 | 红（白）象牙 | 热农1号 | 椰香 | 红芒6号 | 其他品种 | 总面积 |
|---|---|---|---|---|---|---|---|---|---|---|---|---|---|---|
| 海南 | 4.5 | | 11 | 12.5 | | | | | 2 | | 0.2 | | 1.7 | 31.9 |
| 广西 | 42.3 | | 12 | 2.4 | 9.2 | | | 4.9 | | | | | 5.8 | 76.6 |
| 云南 | 5.8 | 7 | 3.8 | 1.9 | | 6.3 | 5.1 | | 0.4 | 3 | 0.4 | | 1.9 | 35.6 |
| 四川 | | 32.5 | 2 | | | | | | 2.5 | 1 | 1 | 3.5 | 1.3 | 43.8 |

（续表）

| 主产区主栽品种 | 台农1号 | 凯特 | 金煌 | 贵妃 | 桂热芒82号 | 圣心 | 帕拉英达 | 桂热芒10号 | 红（白）象牙 | 热农1号 | 椰香 | 红芒6号 | 其他品种 | 总面积 |
|---|---|---|---|---|---|---|---|---|---|---|---|---|---|---|
| 广东 | 1.1 | | 0.8 | | | | | | | | 2.2 | | 0.1 | 4.2 |
| 贵州 | 1.2 | | 1.5 | | | | | | | | | | 1.2 | 3.9 |
| 福建 | | | 0.5 | 0.3 | | | | | | | | | 0.4 | 1.2 |
| 总计 | 54.9 | 39.5 | 29.6 | 19.1 | 9.2 | 6.3 | 5.1 | 4.9 | 4.9 | 4 | 3.8 | 3.5 | 12.4 | 197.2 |

### （五）效益分析

为了解云南、四川、广西等芒果主产区在生产过程中投入产出情况，分别调查了 2018 年核心产区内种植当地主栽品种产业规模较大（单品种面积达到 600 亩以上）、果园管理规范的企业，调查内容主要为投入成本及产出情况。投入成本包括土地租金；人工费：喷药、施肥、除草、疏花疏果、果实套袋、采果包装、树体修剪等；材料费：种苗、农药、肥料、纸袋；其他费用：为非生产期（苗木定植至投产期）投入折算后的费用。产出情况包括：平均亩产量、平均地头价格、平均亩产值及平均亩利润（表 3）。

**表 3　2018 年各产区代表性果园投入产出情况**

| 产地 内容 | 品种 | 树龄（年） | 种植密度（株/亩） | 投入情况 | | | | 产出情况 | | | |
|---|---|---|---|---|---|---|---|---|---|---|---|
| | | | | 土地租金（元/亩·年） | 人工费（元/亩） | 材料费（元/亩） | 其他费用（元/亩） | 平均亩产量（千克/亩） | 地头价格（元/千克） | 平均亩产值（元/亩） | 平均亩利润（元/亩） |
| 云南 | 帕拉英达 | 15 | 33 | 800 | 1 268 | 2 475 | 116 | 1 225 | 6.15 | 7 534 | 2 875 |
| 四川 | 凯特 | 15 | 55 | 550 | 2 150 | 2 250 | 57 | 1 500 | 6.00 | 9 000 | 4 043 |
| 广西 | 桂热芒82号 | 6 | 44 | 600 | 2 440 | 1 880 | 127 | 1 150 | 6.00 | 6 900 | 1 893 |

### （六）科研进展

**资源收集保存、评价鉴定方面**，2018 年年底入圃保存各类芒果种质资源 1 100 多份。解德宏等调查收集澜沧江流域 11 个县 28 个乡镇的芒果种质资源 82 份，对其果实性状进行测定及相关性和聚类分析。牛迎风等采用形态学观测的方法，对 124 份芒果栽培种质的花序长等 11 个性状进行系统调查和遗传多样性分析。研究显示，云南芒果种质资源的花性状具有丰富的遗传多样性，且部分性状间存在遗传连锁关系。柳觐等对 60 份云南芒果栽培种质的单果重、果皮厚度、果核重、可食率、可溶性固形物含量、总糖含量和可滴定酸含量等 7 个品质性状参数进行了测定，制定了适合云南芒果产区果实品质性状精确评价的分级标准，并对 60 份种质的各品质性状参数在不同级别中的出现频次进行了统计分析，为云南省芒果栽培和品种选育提供了重要的理论基础。

**新品种选育及分子鉴定方面**，2018 年，广西亚热带作物研究所选育的桂热芒 3 号通过全国热带作物品种审定委员会品种审定。目前，已通过全国审定的品种包括金煌、贵妃、热农 1 号、桂热芒 10 号、桂热芒 71 号、南逗迈 4 号、红玉、帕拉英达、凯特、桂热芒 3 号等 10 个。通过省级审定、认定或登记的品种包括台农 1 号、白象牙、圣心、台牙、四季芒、椰香、圣德隆、金白花、马亚、热农 2 号、热品 4 号、热品 10 号、桂热芒 4 号、桂热芒 60 号、桂热芒 284 号、桂热芒 80-17 号、桂热芒 82 号、桂热芒 120 号、云热 -5006、云热 -5007、大寨黄心芒等 21 个。上述 31 个品种推广面积占我国现有芒果面积的 90% 以上，为各芒果产区良种及配套栽培技术覆盖和产业化发展奠定了基础。

**研发出不同熟期区域化技术模式方面**，目前我国大陆地区芒果产业构建了早、中、晚熟区域化技术模式，基本实现国内鲜食芒果周年供应：海南产区 1—5 月，广西、广东、云南等产区 6—8 月，四川、云南等产区 9—11 月，海南产区 12 月。早熟区域化技术模式：以台农、贵妃等早熟品种、提早花期的花果调控技术、病虫害高效防控技术为主，集成矮化密植、营养诊断配方施肥、果实套袋等配套技术，构建了"促夏梢—控秋梢—促冬花"的早熟区域化技术模式。中熟区域化技术模式：以桂热芒 71 号、帕拉英达等中熟品种、放晚秋梢和控早花的花果调控技术、病虫害高效防控技术为核心，集成控冠矮化修剪、施肥穴滴灌高效水肥一体化、果实套袋等配套技术，构建了"适时放梢—控早花—壮花保果"的中熟区域化技术模式，实现丰产稳产。晚熟区域化技术模式：以热农 1 号、桂热芒 3 号、桂热芒 80-17 号、热品 10 号等晚熟品种、推迟花期和轮换结果的花果调控技术、病虫害高效防控技术为核心，集成高压注射平衡施肥、果实套袋、生草覆盖等配套技术，构建了"轮换修剪—延迟花期—壮花保果"晚熟区域化技术模式。

## 三、芒果产业发展特点和存在的主要问题

### （一）产业发展特点

#### 1. 主产区品种结构调整日趋合理

随着市场需求的变化，目前主要倾向于大果型的优良品种。选育的新品种帕拉英达在云南怒

江流域、红河流域及金沙江流域芒果种植区推广近 5 万亩，作为精准扶贫的重点项目助力热区乡村振兴。热农 1 号、澳芒、桂热芒 82 号等优新品种正逐步获得海南、广西、四川等产区果农青睐，栽培面积获得进一步提升。

**2.科技助力芒果产业良性发展**

在海南，以农业科技 110、农业气象即时通为平台，依托标准示范园及其他示范基地，通过市（县）级农技推广部门培训企业、农民专业合作社、农户等形式进行示范推广；在广西、云南，以政府牵头，设立科技创新团队，依托标准示范园及其他示范基地，通过科技特派员联合市（县）级农技推广部门培训企业、农民专业合作社、农户等形式进行示范推广；在四川，以科研院所派地方挂职科技干部、举办新农学校、设置首席专家负责制、技术专家包点包户的形式进行示范推广；在广东、福建，以科研院所为技术依托，结合农业科技入户示范项目，对果农进行技术培训及示范推广。2018 年度，各产区共举办 127 场（次）芒果相关培训班、会议、现场技术指导，累计培训 13 976 户芒果种植户。

**3.政府部门助力品牌推介宣传、品牌品质认证**

随着近年来芒果种植发展势头强劲，各级政府出台各种激励及保障机制为种植户保驾护航。在海南三亚芒果产区，2018 年年初，"海南芒果"等 10 个农产品被冠名"海南"省级农产品公用品牌进行重点打造。4 月，"三亚芒果"成功通过国家质量监督检验检疫总局地理标志产品保护专家评审。10 月，"三亚芒果"凭借在全国的单品知名度和影响力，荣获了 2018 第五届 A20 新农展网红地标品牌奖。

2018 年 4 月，云南丽江华坪金芒果生态开发有限公司、华坪县农欣芒果种植专业合作社等 6 家企业和合作社种植的 1.4 万亩有机晚熟芒果，获欧盟有机产品认证。

**4.冷链物流不断完善，销售新业态方兴未艾**

冷链物流的快速发展，促使芒果的销售半径不断扩大，通过网络选购商品已经成为人们生活中不可或缺的一部分，目前仅在淘宝上卖鲜食芒果的卖家就有 5 000 多家。以攀枝花市为例，2018 年在北京、上海、成都等城市新建攀枝花特色农产品直销店 10 个以上，深化与 32 个全国知名水果销售企业的合作，积极开展"订单农业"，推动电子商务提升发展，推动芒果实现量价齐升；在国际市场，加强全国首个芒果质量安全示范区建设，打造芒果出口示范基地 6 个，培育芒果出口企业 8 个，巩固与成都九曳、鑫荣懋（香港）、澳门商会等出口企业的合作，2018 年芒果出口达 2.5 万吨，同比增长 25%。

**（二）存在的主要问题**

**1.植物生长调节剂滥用问题突出**

在部分产区生产中存在盲目追求产量而普遍大量使用赤霉素、6-BA、氯吡脲、噻苯隆等膨大剂的现象。膨大剂的不当使用，会导致果实畸形、果实后熟期不正常转色、果肉内烂、糖酸比明显下降等，极大损害地方芒果产业形象。

### 2．缺乏加工专用品种

近 10 年来，国内各芒果主产区主栽品种结构调整日趋完善，早中晚熟品种应市时间较为分明，鲜食果可做到周年供应，但适合加工专用型品种仍缺乏。目前，国内市场上芒果加工产品主要为芒果干（脯）、芒果蜜饯及芒果汁等，芒果干（脯）及芒果蜜饯的加工原材料为金煌、台农 1 号、象牙芒、凯特等品种次等果以下果品；芒果汁的加工原材料为贵妃、越南青芒等品种。丰产性好、适合加工的芒果品种较为缺乏。

### 3．标准体系建设不完善

部分主产区农业主管部门针对主栽品种桂热芒 82 号、台农 1 号等的适采期，攀枝花市农业主管部门对凯特芒等的适采期有出台相关规定，只有这些主栽品种果实成熟度达到可采成熟度时才允许采摘上市，并对采后果实商品化处理做出相应的规定。整体而言市场准入制度尚未建立，市场调节作用缺失，离标准化生产体系尚远。果实质量检测体系不完善，质量安全水平有待提高。

## 四、芒果产业发展展望

### （一）种植面积将大幅增长

近年来随着芒果消费需求的不断增加，各产区的芒果种植效益处于上升阶段，加上一些地方政府优惠政策的鼓励与支持，如新兴芒果产区贵州少数民族聚集区的"精准扶贫"项目、广西政府的引导政策等，我国的芒果种植面积将增加明显。

### （二）市场整体价格将小幅下滑

预计 2019 年全国芒果面积及产量同比将增加 10%，预计主要增加省份为贵州、广西及云南。一定时期内化肥、除草剂及生产调节剂滥用问题难以得到解决。据气象数据预测，预计芒果花期将遭遇倒春寒、冰雹等自然灾害，会造成早花品种干花现象。部分共性的病虫为害，如水疱病、露水斑、蓟马、瘿蚊等，在很大方面影响芒果产量、品质，降低商品性，增加了种植风险。由于海南早熟产区品种结构相似，催花时间差别不明显，导致 2—4 月果品大量上市而售价较低。

### （三）消费市场将不断扩大

近年来，虽然国内芒果产量逐年上升且大体实现周年供应，但鲜果进口量依然呈逐年上升趋势。中国鲜食芒果出口量波动较大，但近年来我国（不含我国港澳台地区）除了在中国香港、中国澳门以及东南亚市场占有份额逐年稳定增加外，也在稳步拓展俄罗斯、加拿大、德国、瑞士等欧洲市场，中国芒果正在逐步走向世界。

# 五、芒果产业发展建议

## （一）构建芒果产业技术体系

在芒果行业科技两个五年计划实施的基础上构建现代芒果产业技术体系，着眼于全国芒果生产优势区，通过政府为引导，整合各级科研力量与科技资源，围绕产业发展需求，提升芒果科技创新能力，增强我国芒果产业综合竞争力。

## （二）完善芒果产业资金链和保险功能

芒果生产过程常受自然灾害、人为和市场等因素造成资金链短缺，导致生产储备资金及自救资金不足。为此，应进一步简化金融银行业对芒果种植从业者，特别是中小规模从业者的信贷担保手续。同时，在全国各芒果主产区推广芒果的政策性农业保险，增强果农抗风险能力和灾后恢复能力，为芒果产业发展保驾护航，促进芒果产业产区经济稳定健康发展。

## （三）建立芒果行业标准

当前的芒果种植以家庭为单位居多，在品种规划、种植过程管理差异较大，缺少标准化产品生产。通过建立严格的芒果行业标准，生产高品质的果品，设立良好的品牌，建立畅通的销售渠道，并加以执行和推广，才能保证芒果质量，从而保证芒果种植户和经营者的利益，促使整个产业良性发展。应综合政府定策，研究制定出从芒果种植、分级、包装、运输、加工到销售等一系列行业区域性发展规划及规范标准，并加强行业自律，从而推动全国芒果产业发展上新台阶，促进芒果行业可持续健康发展。要充分发挥芒果协会作用，实施政府引导，芒果协会牵头，广大合作社、芒果企业和种植户共同参与。

## （四）提高芒果标准化和产业化水平

各级政府应从政策上加大力度对基层技术人员和果农的技术培训，引导和重点扶持与芒果产业关联度大、带动能力强的龙头企业，培育芒果专业合作社，建立芒果生产示范基地，鼓励通过生产、销售、运输及相关的技术、信息等服务，实现生产的规模化和集约化经营，提高芒果标准化和产业化水平。

# 2018 年澳洲坚果产业发展报告

## 一、世界澳洲坚果产业概况

### （一）生产情况

#### 1. 种植面积

近几年来，世界澳洲坚果种植面积保持较快增长态势。据第八届国际澳洲坚果大会、南非澳洲坚果协会（简称 SAMAC）、澳大利亚澳洲坚果协会（简称 AMS）和中国农业农村部农垦局的统计数据，2018 年世界澳洲坚果的种植面积约为 653 万亩，同比增长 44%。其中，中国 451.8 万亩、南非 58.2 万亩、澳大利亚 37.5 万亩、肯尼亚 29.9 万亩和危地马拉 19.5 万亩，分别占世界总面积的 69.2%、8.9%、5.7%、4.6% 和 3.0%。

#### 2. 产量

据国际坚果与干果理事会（简称 INC）统计，2018 年世界澳洲坚果（果仁）产量为 5.93 万吨（图 1）。其中：南非 16 965 吨、澳大利亚 14 800 吨、肯尼亚 7 750 吨、中国 6 000 吨和美国 4 239 吨，合计占世界的 83.9%，分别占世界的 29%、25%、13%、10% 和 7%。2009—2018 年，世界澳洲坚果产量（果仁）从 2.76 万吨增加到 5.93 万吨，增长了 2.15 倍，年均增长 8.85%。2009—2018 年世界累计生产澳洲坚果（果仁）41.48 万吨。其中，澳大利亚 12.47 万吨、南非 10.86 万吨、肯尼亚 5.27 万吨、美国 4.66 万吨和危地马拉 1.76 万吨，分别占世界总产量的 30.07%、26.18%、12.70%、11.24% 和 4.24%。

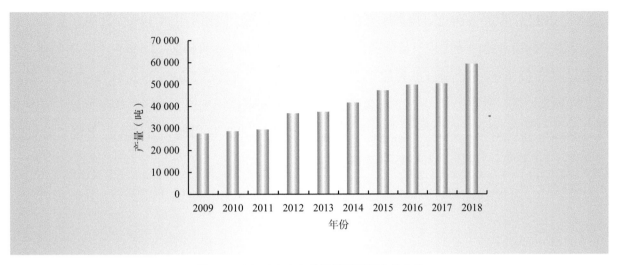

图 1　2009—2018 年世界澳洲坚果产量变化

## （二）贸易情况

### 1. 进出口量

据 INC 统计（图 2），2008—2017 年，世界各国进口澳洲坚果（果仁）从 27 116 吨增加到 31 902 吨，增长了 17.66%，年均增长 1.82%；出口量则从 27 541 吨增加到 31 902 吨，增长 15.83%，年均增长 1.65%。

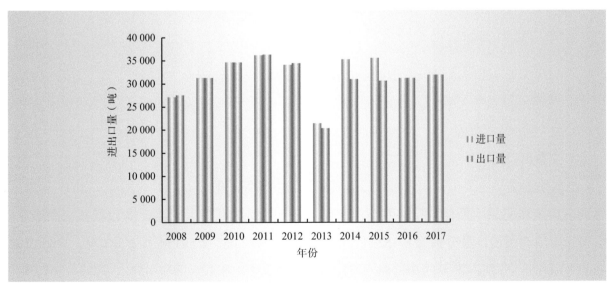

图 2　2008—2017 年世界澳洲坚果进出口情况

### 2. 主要进口国

世界澳洲坚果主要进口国为美国、中国、德国、越南和日本等。据 INC 和中国海关统计

（图3），2017年世界各国进口澳洲坚果（果仁）3.49万吨，同比增长8.34%。其中，美国、中国、日本、越南和德国等国进口量分别为9 000吨、6 964吨、3 116吨、2 666吨和2 240吨，合计占世界的68.64%，分别占世界的25.76%、19.93%、8.92%、7.63%和6.41%。2008—2017年，世界累计进口澳洲坚果（果仁）32.04万吨，其中：美国、中国、德国、越南和日本等国累计分别进口7.18万吨、6.35万吨、2.99万吨、2.69万吨和2.44万吨，分别占世界进口总量的22.40%、19.83%、9.33%、8.40%和7.60%。

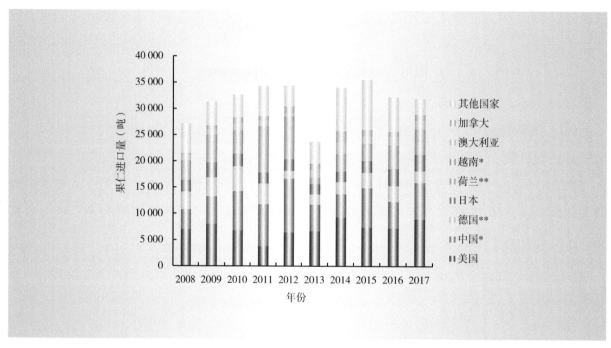

图3　2008—2017世界各国的澳洲坚果进口情况

注：* 加工国，** 贸易国

### 3. 主要出口国

世界澳洲坚果主要出口国为南非、澳大利亚和中国等。据INC统计（图4），2017年世界各国出口澳洲坚果（果仁）3.19万吨，同比增长2.30%。其中，南非、澳大利亚、肯尼亚、中国和美国等国出口量分别为8 352吨、6 916吨、5 492吨、2 591吨和2 381吨，合计占世界的80.66%，分别占世界的26.18%、21.68%、17.22%、8.12%和7.46%。2013—2017年，世界累计出口澳洲坚果（果仁）14.51万吨，其中，南非、澳大利亚、中国、荷兰和美国等国累计分别出口澳洲坚果3.68万吨、3.13万吨、1.26万吨、1.20万吨和1.13万吨，分别占世界的25.37%、21.54%、8.71%、8.24%和7.79%。另外，中国为加工贸易国，荷兰为转口贸易国。

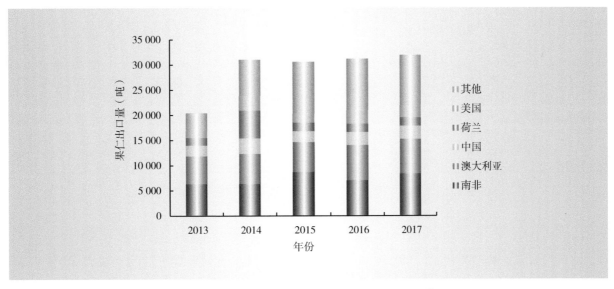

图 4　2013—2017 年世界澳洲坚果（果仁）出口情况

### （三）消费情况

澳洲坚果的主要消费国为美国、澳大利亚、中国、日本和德国。据 INC 统计（表 1），2017 年各国消费澳洲坚果（果仁）49 697 吨，同比下降 1.32%。其中，美国、中国、澳大利亚、日本和德国的消费量分别为 11 319 吨、4 131 吨、3 250 吨、3 116 吨和 1 219 吨，合计占世界的 46.35%，分别占世界的 22.78%、8.31%、6.54%、6.27% 和 2.45%。2013—2017 年世界澳洲坚果（果仁）累计消费总量为 23.11 万吨。其中，美国 4.67 万吨、澳大利亚 2.07 万吨、中国 1.84 万吨、日本 1.26 万吨和德国 0.75 万吨，分别占世界的 20.20%、8.98%、7.95%、5.44% 和 3.26%。2013—2017 年，澳洲坚果年均消费量增长较快的国家依次为泰国、韩国、法国、西班牙和马来西亚，年均增长分别为 78.71%、35.62%、26.30%、21.78% 和 21.38%；年均消费量下降较快的国家依次为澳大利亚、中国、巴西、意大利和新加坡，年均分别下降 19.48%、8.30%、6.97%、6.39% 和 2.75%。2013—2017 年，年人均消费澳洲坚果最多的国家依次为澳大利亚、加拿大、新加坡、美国和日本，分别为 179 克、35 克、34 克、29 克和 21 克。

### （四）科研概况

#### 1. 种质资源与遗传育种

澳大利亚南十字星大学建立了澳洲坚果遗传研究平台，并在澳洲坚果基因图谱研究方面取得新的进展，组装的第二版基因图谱较第一版基因覆盖率从 79% 提高到 93%。澳大利亚官方育种计划通过 20 多年的品种试验，选育出 4 个澳洲坚果新品种，产量和品质较原来的 5 个商业标准品种均有较大幅度的提高，果园平均效益提高 11%。澳大利亚的 Ian McConachie 从开放授粉的实生群体中选育出了光壳种新品种 MCT1，种植后 3～4 年能开花结果，产量高，果实品质好，

表1　2013—2017年世界澳洲坚果消费情况统计

| 国家 | 2013年 | | 2014年 | | 2015年 | | 2016年 | | 2017年 | | 2013—2017年 | | | |
|---|---|---|---|---|---|---|---|---|---|---|---|---|---|---|
| | 总消费量（吨） | 人均消费量（克） | 总消费量（吨） | 人均消费量（克） | 总消费量（吨） | 人均消费量（克） | 总消费量（吨） | 人均消费量（克） | 总消费量（吨） | 人均消费量（克） | 总消费量（吨） | 占比（%） | 年均增长（%） | 人均消费（克） |
| 美国 | 6 342 | 21 | 10 269 | 30 | 9 907 | 31 | 8 829 | 27 | 11 319 | 35 | 46 666 | 20.20 | 15.58 | 29 |
| 澳大利亚 | 7 731 | 347 | 3 157 | 140 | 3 255 | 136 | 3 347 | 139 | 3 250 | 133 | 20 740 | 8.98 | -19.48 | 179 |
| 肯尼亚 | 4 700 | 117 | 5 209 | 110 | 4 090 | 89 | 2 634 | 54 | | | 16 633 | 7.20 | | |
| 中国 | 5 843 | 4 | 2 691 | 2 | 1 657 | 1 | 4 055 | 3 | 4 131 | 3 | 18 377 | 7.95 | -8.30 | 3 |
| 德国 | 1 206 | 15 | 1 222 | 20 | 1 869 | 23 | 2 011 | 25 | 1 219 | 15 | 7 527 | 3.26 | 0.27 | 20 |
| 日本 | 2 001 | 16 | 1 976 | 20 | 2 250 | 18 | 3 233 | 25 | 3 116 | 24 | 12 576 | 5.44 | 11.71 | 21 |
| 马拉维 | 1 457 | 100 | 570 | 30 | | | | | | | 2 027 | 0.88 | | |
| 加拿大 | 960 | 28 | 2 130 | 60 | 991 | 28 | 1 001 | 28 | 1 066 | 29 | 6 148 | 2.66 | 2.65 | 35 |
| 巴西 | 1 064 | 6 | 1 054 | 10 | 1 328 | 6 | 1 431 | 7 | 797 | 4 | 5 674 | 2.46 | -6.97 | 7 |
| 英国 | 294 | 5 | 472 | 10 | 639 | 10 | 436 | 7 | 504 | 8 | 2 345 | 1.01 | 14.42 | 8 |
| 卢森堡 | 522 | 1 029 | 640 | 1 200 | 596 | 1 051 | | | | | 1 758 | 0.76 | | |
| 西班牙 | 236 | 5 | 358 | 10 | 284 | 6 | 613 | 13 | 519 | 11 | 2 010 | 0.87 | 21.78 | 9 |
| 哥斯达黎加 | 159 | 35 | 20 | 0 | | | | | | | 179 | 0.08 | | |
| 意大利 | 211 | 3 | 146 | 0 | 244 | 4 | 198 | 3 | 162 | 3 | 961 | 0.42 | -6.39 | 3 |
| 韩国 | 196 | 4 | 306 | 10 | 504 | 10 | 667 | 13 | 663 | 13 | 2 336 | 1.01 | 35.62 | 10 |
| 法国 | 112 | 2 | 173 | 0 | 205 | 3 | 157 | 2 | 285 | 4 | 932 | 0.40 | 26.30 | 2 |
| 新西兰 | 148 | 34 | 74 | 20 | 226 | 50 | 201 | 43 | | | 649 | 0.28 | | |
| 泰国 | 25 | 0 | 27 | 0 | 77 | 1 | 209 | 3 | 255 | 4 | 593 | 0.26 | 78.71 | 2 |
| 马来西亚 | 123 | 4 | 138 | 0 | 185 | 6 | 225 | 7 | 267 | 8 | 938 | 0.41 | 21.38 | 5 |
| 新加坡 | 123 | 24 | 341 | 60 | 206 | 37 | 170 | 30 | 110 | 19 | 950 | 0.41 | -2.75 | 34 |
| 其他 | 3 639 | 5 | 15 644 | 6 | 18 793 | 6 | 20 943 | 7 | 22 034 | 7 | 81 053 | 35.08 | 56.87 | |
| 总计 | 37 092 | 5 | 46 617 | 6 | 47 306 | 6 | 50 360 | 7 | 49 697 | 7 | 231 072 | 100.00 | 7.59 | 7 |

平均出仁率为 45.70%，平均单个果仁重 3.99 克，平均果壳厚 1.39 毫米。

中国广西南亚热带农业科学研究所自主选育的'桂热一号'澳洲坚果分别通过广西和云南省（自治区）的林木品种审定委员会认定。另外，'HAES863''迪思 1 号'等澳洲坚果品种通过了云南省林木品种审定委员会认定。

**2. 种苗繁育**

澳洲坚果种苗组织培养技术日益受到各国重视，澳大利亚、南非、墨西哥、泰国和中国等均开展过澳洲坚果种苗组织培养技术研究，AGROMILLORA 公司和西南林业大学均攻克了澳洲坚果组培苗生根困难的问题，成功获得了澳洲坚果组培苗。随着技术的熟化，组培苗将逐渐在澳洲坚果产业上应用。

澳大利亚针对砧木与接穗品种的互作进行了研究，结果表明：'HAES741''HAES 816'嫁接在'Beaumont'种子的砧木上比嫁接在'H2'种子的砧木上，早期产量更高，产量稳定性更好。

**3. 果园设计与管理**

John Wilkie 等对两个品种'A203''HAES741'的低密度（8 米 × 4 米）、中密度（6 米 × 3 米）和高密度（5 米 × 2 米）种植后前 4 年的表现进行了评价，结果表明：种植后的第 3 年密度对单株产量影响不明显；第 4 年低、中密度种植的'A203'单株产量比高密度种植更高，而'HAES741'的 3 种种植密度单株产量差异不明显；种植后第 3～4 年开始，单位面积产量表现出明显差异，产量为高密度种植＞中密度种植＞低密度种植。

新西兰生物学家 Brad Howlett 等在澳大利亚开展了澳洲坚果树授粉方面的研究，结果表明：异花授粉的澳洲坚果树最终坐果率比自花提高 70%，自花授粉初期坐果率低，最终坐果率更低，落果率最高（83.7%），并提出了增加授粉昆虫、减少杀虫剂的使用、改善修剪等方式来提高异花授粉效率。陶丽等通过严格控制下的人工授粉试验，筛选出在云南种植的'O.C.''HAES344''HAES294'等 13 个澳洲坚果品种的授粉推荐品种，为云南澳洲坚果的品种配置奠定良好基础。

Andrew Sheard 等人研究了南非澳洲坚果园品种和季节对叶片营养水平的影响，结果表明：叶片 N 的浓度在油分积累中期（2 月）开始逐渐升高，直到 5 月达到高点，整个采收期（5—8 月）维持在 1.5% 以上的水平。花期和春梢抽生期叶片 N 浓度呈持续下降趋势，直到油分积累初期（1 月）到达一年中的最低水平；叶片 K 和 P 的浓度季节变化趋势基本相同，开花末期和坐果初期（8 月）浓度最低，随后浓度逐步上升，直到果实膨大期（12 月）浓度最高，随后的（12 月—翌年 3 月）浓度维持在较高水平，果实采收期后（4 月）叶片 K 和 P 的浓度开始下降。杨丽萍等通过对云南澳洲坚果结果树的大量叶片的营养测试分析，首次制定出了云南澳洲坚果丰产树叶片营养推荐标准，并指出 N:P:K=20:4:20 的养分比例较适合澳洲坚果的养分需求。

耐特菲姆公司的 Jamie Zapp 比较了澳大利亚和南非使用不同灌溉方式（喷灌、滴灌和不灌溉）对果园产量和效益的影响，结果表明：在澳大利亚有灌溉的果园可提前 3 年结果，微喷的果园每亩壳果产量为 200～333 千克，每亩收入为 849 美元；南非有滴灌的果园每亩壳果产量为 333～400 千克，每亩收入为 1 668 美元。果园的灌溉系统一般 2 年能收回成本。

### 4. 产品研发及副产物综合利用

越南 Hoan Bui 公司研发出开口壳果新产品，其最大特点是不用借助开壳器（铁片），徒手即可开壳取仁，食用更加方便、卫生，产品的保质期长达 3 年。

澳大利亚默多克大学研究发现，澳洲坚果果壳制成的活性碳具有与从椰子壳制成的活性碳一样的性能，在医学上可用来治疗药物过量，吸附体内毒素，但前者的吸附效率更高。

西南林业大学研究发现，澳洲坚果的果皮含有 4.6% 的熊果苷，认为这个浓度是相对安全和相对高效的淡斑浓度，而且淡斑的持久性稳定，对皮肤不会产生刺激性作用。

### （五）产业发展特点

#### 1. 产业资源约束性强

澳洲坚果树主根不明显，根系不发达，抗风能力差，有台风的地区不适宜种植。澳洲坚果树的生长对温度和降水量也有较严格的要求，商业性种植仅适于年均温 18~23℃、冬季无霜、年降水量 1 000 毫米以上的北热带和南亚热带地区。这些因素决定了澳洲坚果的种植范围相对有限，难以成为木本坚果中的大宗品类，产品极具特色。

#### 2. 世界产业中心将转移至中国

中国澳洲坚果的种植面积占世界种植总面积的 60% 以上，随着收获面积的增加，5～10 年中国澳洲坚果的产量势必也能位居世界第一，世界澳洲坚果的产业中心将逐步转移至中国。云南热区受台风影响小，具有发展澳洲坚果得天独厚的气候环境，其种植面积和产量均占全国的 90% 以上，云南澳洲坚果产业的情况基本可以代表中国澳洲坚果产业的情况。因此，行业内有"世界坚果看中国，中国坚果在云南"的说法，国际澳洲坚果大会委员会也把大会秘书处永久设在中国云南。

#### 3. 栽培历史相对较短，产品开发潜力大

澳洲坚果的商业性栽培始于 1948 年无性系品种的推出，商业性栽培的历史相对较短，产品加工技术的研究则更晚，产品目前处于初级开发阶段，产品主要以开口壳果和果仁形式呈现。随着澳洲坚果精深加工研发的深入，功能性成分不断被挖掘出来，产品种类将日益丰富，价值得到提升。

#### 4. 产业链融合逐步加深

市场消费者对产品质量的高度重视，深刻影响到产业的发展，下游企业为了获得市场竞争优

势，实现更多市场份额，不断将业务前移，通过参股上游种植企业、与种植大户和农户签订长期的原料采购协议、直接建立原料生产基地等方式，从源头上控制原料质量，确保产品品质，使质量管理成为产业链整合的推动力。

### 5.国际交流日益重视，合作平台初步搭建

以2018年中国云南临沧召开第八届国际澳洲坚果大会为契机，AMS、SAMAC、巴西澳洲坚果协会、越南澳洲坚果协会和云南坚果行业协会发起成立了国际澳洲坚果大会委员会（IMSC），来协调世界澳洲坚果产业的发展，本次大会还成立了国际澳洲坚果研发中心，聘用了一批澳洲坚果各领域的专家，首批3个研究项目（矮化品种选育、果园管理APP开发、澳洲坚果疫霉病流行规律研究）已经确定，国际研发合作的格局初步形成。

## 二、中国澳洲坚果产业基本情况

### （一）生产情况

#### 1.种植及收获面积

据农业农村部农垦局统计，2018年全国澳洲坚果种植面积451.81万亩、收获面积62.19万亩，同比分别增长61.57%和73.28%（图5）。其中，云南种植面积415.01万亩、收获面

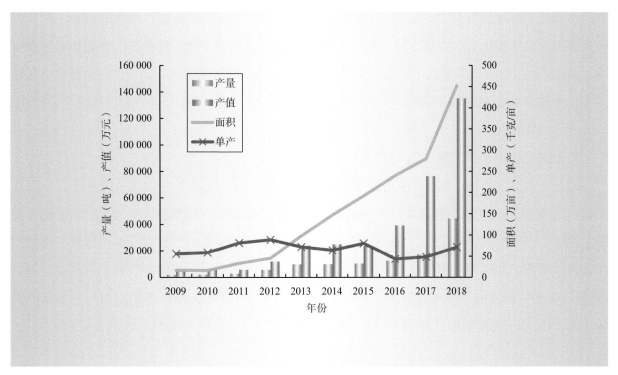

图5　2009—2018年全国澳洲坚果生产情况

积 59.49 万亩，分别占全国总面积的 91.85% 和 95.66%；广西种植面积 35.00 万亩、收获面积 5.57 万亩，分别占全国总面积的 7.75% 和 4.02%；贵州种植面积 1.80 万亩、收获面积 0.20 万亩，分别占全国总面积的 0.40% 和 0.32%。

### 2. 总产量、年产值及单产水平

2018 年中国澳洲坚果（壳果）总产量 4.43 万吨，较 2009 年的 1 701.70 吨增长了 26 倍，年均增长 43.64%；较上年度增长 2.57 倍（图 5）。其中，云南产量 41 581.25 吨，占全国总产量的 93.86%；广西 2 500 吨，占 5.64%；贵州 220 吨，占 0.50%。2018 年中国澳洲坚果总产值 13.50 亿元，较 2009 年的 5 806 万元增长 23.25 倍，年均增长 41.85%；较上年增长 76.66%，主要原因是 2018 年产量较 2017 年的有较大幅度的增长。2018 年中国澳洲坚果平均单产 71.24 千克 / 亩，较上年提高 48.23%。其中，云南 69.9 千克 / 亩，广西 100 千克 / 亩，贵州 110 千克 / 亩。

### （二）加工情况

#### 1. 加工企业分布

进口壳果原料的加工主要集中在广东、安徽、浙江等沿海地区，其中 70% 以上在广东，并且是以来料加工和进料加工的形式进行加工。云南、广西的加工企业原料以当地自产的为主。

#### 2. 产品结构

2018 年，中国澳洲坚果的加工产品仍然以开口壳果（开口笑）为主，主要有奶油味和原味产品。果仁产品比例有很大程度的上升，接近 20%。受"健康、零添加"理念的影响，原味果仁产品的占比大幅上升，占据市场 40% 以上的份额，其次为奶油味、蜂蜜味、淮盐味和芥末味等。其他产品，如澳洲坚果油、含澳洲坚果的糖果、点心、冰激凌和化妆品等所占份额仍然变化不大，大约占 1%~2%。

### （三）果园效益分析

#### 1. 规模化澳洲坚果农场

以云南省景洪市的 5 400 亩澳洲坚果农场为例，该农场种植年份为 1996—1998 年，果园在 2013 年（树龄 15~17 年）时进入一个较高产时期，2014—2016 年产量持续下滑，虽然价格在不断上涨，但利润率在不断下降。2017—2018 年农场加强了果园管护（特别是修枝和科学施肥），产量开始增长，2018 年产量达 1 321.20 吨，创历史新高。然而，受 2018 年价格回归理性，售价同比下跌 30% 的影响，净利润同比下降 13.15%。2013—2018 年，澳洲坚果农场的平均亩产值为 4 725.18 元，最低为 2013 年的 3 512.48 元，最高为 2017 年的 6 943.07 元（表 2）。

| 表 2 | | 规模化澳洲坚果农场收支情况 | | | | | | |

| 年份 | 壳果（吨） | 平均壳果价格（万元 / 吨） | 总产值（万元） | 净利润（万元） | 实交税金（万元） | 总支出（万元） | 利润率（％） | 产值（元 / 亩） |
|---|---|---|---|---|---|---|---|---|
| 2013 | 1 141.81 | 1.66 | 1 896.74 | 813.72 | 0.67 | 1 083.02 | 42.90 | 3 512.48 |
| 2014 | 1 090.57 | 2.08 | 2 265.17 | 918.58 | 0.78 | 1 346.59 | 40.55 | 4 194.76 |
| 2015 | 908.11 | 2.16 | 1 960.14 | 701.07 | 0.69 | 1 259.08 | 35.77 | 3 629.89 |
| 2016 | 815.74 | 2.53 | 2 064.46 | 695.64 | 0.66 | 1 368.82 | 33.70 | 3 823.07 |
| 2017 | 1 029.54 | 3.64 | 3 749.26 | 1 695.84 | 1.12 | 2 053.42 | 45.23 | 6 943.07 |
| 2018 | 1 321.20 | 2.55 | 3 373.80 | 1 472.80 | 0.11 | 1 863.64 | 43.65 | 6 247.78 |

### 2. 小规模农庄

以云南省双江县的 90 亩澳洲坚果农庄为例，2016—2018 年总支出大致相当，每亩的投入为 600~652 元，其中：果实采收支出占比最高，占全年总支出的 57%~81%；其次为除草和养分管理。2016—2018 年每亩果园的产值分别为 2 439 元、4 988 元和 2 917 元，每亩的纯利润分别为 1 839 元、4 336 元和 2 396 元。2017 年由于澳洲坚果地头收购价的上涨，毛利润率在 2016 年的基础上有较大幅度的提高。2018 年由于田间管理方面投入太少，造成树势衰退，减产严重，加之价格回落，收入下降（表 3）。

| 表 3 | | 小规模农庄效益分析表 | | | | | |

| 项目 | | 2016 年 | | 2017 年 | | 2018 年 | |
|---|---|---|---|---|---|---|---|
| | | 支出金额（元） | 科目支出占比（％） | 支出金额（元） | 科目支出占比（％） | 支出金额（元） | 科目支出占比（％） |
| 支出 | 除草 | 8 000 | 14.82 | 8 000 | 13.63 | 8 700 | 18.57 |
| | 果实采收 | 30 523.5 | 56.56 | 41 178 | 70.15 | 38 146.82 | 81.43 |
| | 修剪 | 2 200 | 4.08 | 2 200 | 3.75 | | |
| | 化肥 | 8 300 | 15.38 | 2 380 | 4.05 | | |
| | 施肥用工 | 3 840 | 7.12 | 3 840 | 6.54 | | |
| | 其他投入 | 1 100 | 2.04 | 1 100 | 1.87 | | |
| | 合计 | 53 963.5 | 100.00 | 58 698 | 100.00 | 46 846.82 | 100.00 |
| 投入（元 / 亩） | | 599.59 | | 652.20 | | 520.52 | |

（续表）

| 项目 | | 2016 年 | | 2017 年 | | 2018 年 | |
|---|---|---|---|---|---|---|---|
| | | 支出金额（元） | 科目支出占比（%） | 支出金额（元） | 科目支出占比（%） | 支出金额（元） | 科目支出占比（%） |
| 收入 | 总收入（元） | 219 480 | | 448 960 | | 262 500 | |
| | 产值（元/亩） | 2 438.67 | | 4 988.44 | | 2 916.67 | |
| 利润 | 毛利润（%） | 75.41 | | 86.93 | | 82.15 | |
| | 利润（元/亩） | 1 839.07 | | 4 336.24 | | 2 396.15 | |

## 三、中国澳洲坚果市场形势分析

### （一）价格走势

2017 年由于原料收购企业积极性空前高涨，纷纷抢夺原料，收购价格非理性大幅上涨，下游企业对过高的原料价格难以接受，造成原料收购企业严重亏损。2018 年原料收购企业总体保持谨慎的观望态度，收购的积极性不高，原料市场价格回归理性，价格较上年度有较大幅度的回落。

#### 1. 地头收购价

据调查，2018 年全国澳洲坚果壳果（含水量约 20%）的平均地头收购价为 24.99 元/千克（图 6），比去年下跌 25.51%。其中：云南 24.06 元/千克，广西 24.10 元/千克，贵州 28.00 元/

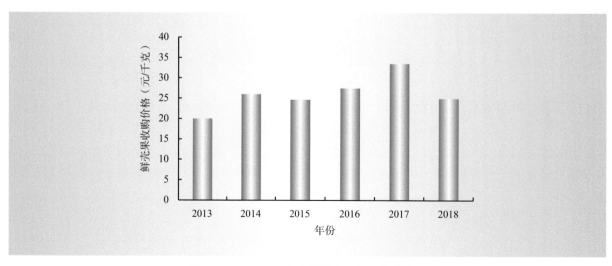

图 6　2013—2018 年全国鲜壳果地头收购价格

千克；全国壳果地头收购的最高价为 36.00 元 / 千克，最低价为 18.58 元 / 千克，同比分别下跌 18.18% 和 22.58%。国内自产壳果在 11 月基本售罄。

### 2. 电商价格

2018 年对在国内线上销售的 58 个品牌、198 个澳洲坚果产品的价格调查结果表明：开口壳果产品的平均售价为 95.02 元 / 千克，同比上涨 91.56%；最高为 772.20 元 / 千克，同比上涨 1.69 倍；最低为 65.60 元 / 千克，同比上涨 10.07%。果仁产品的平均售价为 439.40 元 / 千克，同比上涨 58.50%；最高为 733.30 元 / 千克，同比上涨 71.95%；最低为 158.00 元 / 千克，同比下跌 9.59%。

### 3. 进出口价格

据中国海关统计（图 7），2014—2018 年中国澳洲坚果壳果和果仁进出口价格总体呈现上涨趋势。其中，中国澳洲坚果进口壳果价格从 2014 年的 3.68 美元 / 千克上涨至 2018 年的 4.62 美元 / 千克，年均涨幅为 5.85%；5 年的均价为 4.15 美元 / 千克。进口果仁价格从 2014 年的 4.71 美元 / 千克上涨至 2018 年的 8.02 美元 / 千克，年均涨幅为 14.23%；5 年的均价为 5.99 美元 / 千克。中国澳洲坚果出口壳果价格从 2014 年的 4.43 美元 / 千克上涨至 2018 年的 5.96 美元 / 千克，年均涨幅为 7.70%；5 年的均价为 4.95 美元 / 千克。出口果仁价格从 2014 年的 6.70 美元 / 千克上涨至 2018 年的 7.60 美元 / 千克，年均涨幅为 3.20%；5 年的均价为 7.29 美元 / 千克。

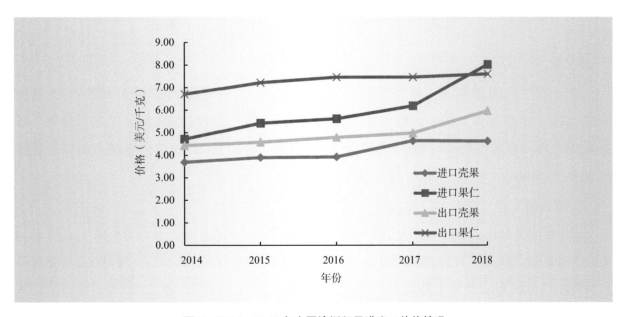

图 7　2014—2018 年中国澳洲坚果进出口价格情况

### （二）进出口贸易情况

#### 1. 贸易量

据中国海关统计（图 8），2018 年中国澳洲坚果（以果仁计）的进口量为 6 027 吨，较 2014

年的 4 393 吨增长 37.20%，年均增长 8.23%；比上一年度减少 13.45%。其中，从澳大利亚进口 3 566.73 吨，美国 1 174.91 吨，南非 737.56 吨，津巴布韦 316.83 吨，危地马拉 170.45 吨，分别占进口总量的 59.18%、19.50%、12.24%、5.26% 和 2.83%。

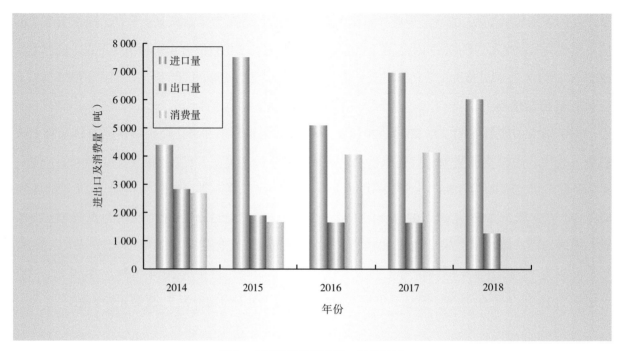

图 8　中国澳洲坚果进出口及消费量

　　2018 年中国澳洲坚果（以果仁计）的出口量为 1270.00 吨，较 2014 年的 2 826 吨减少 55.06%，年均减少 8.50%；较上年下降 22.61%。其中，出口到澳大利亚 977.99 吨、日本 111.85 吨、吉尔吉斯斯坦 98.14 吨、荷兰 43.95 吨、意大利 28.25 吨，分别占出口总量的 77.01%、8.81%、7.73%、3.46% 和 2.22%。

**2. 贸易额**

　　据中国海关统计，2014—2018 年中国澳洲坚果进口贸易额总体呈上升趋势（图 9），从 2014 年的 3 982.32 万美元上升到 2018 年的 8 325.92 万美元，年均上涨 20.25%。其中：进口壳果从 2014 年的 3 106.79 万美元上升到 2018 年的 7 282.02 万美元，年均上涨 23.73%；进口果仁从 2014 年的 875.53 万美元上升到 2018 年的 1 043.90 万美元，年均上涨 4.50%。

　　2014—2018 年中国澳洲坚果出口贸易额总体则呈下降趋势，从 2014 年的 2 088.59 万美元下降到 2018 年的 492.29 万美元，年均下降 30.32%。其中，出口壳果从 2014 年的 356.09 万美元下降到 2018 年的 206.19 万美元，年均下降 12.77%；出口果仁从 2014 年的 1 732.50 万美元下降到 2018 年的 286.10 万美元，年均下降 36.25%。

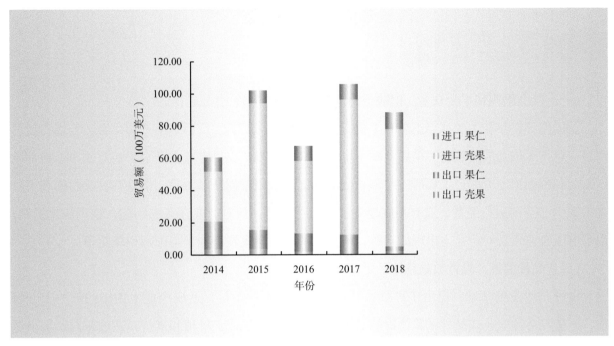

图 9   中国澳洲坚果进出口贸易额

### （三）贸易方式

据中国海关统计，2018 年进口壳果的贸易方式以进料加工贸易为主，数量为 1 0361.96 吨，占壳果贸易总量的 65.77%；其次依次为一般贸易、来料加工贸易、保税监管场所进出境货物和海关特殊监管区域物流货物，数量分别为 2 362.41 吨、1 134.51 吨、1 090.81 吨和 804.31 吨，分别占壳果贸易总量的 15.00%、7.20%、6.92% 和 5.11%。2018 年进口果仁的贸易方式以来料加工贸易为主，数量为 1 171.14 吨，占果仁贸易总量的 90.07%。

2018 年出口壳果的贸易方式以一般贸易为主，数量为 205.66 吨，占出口壳果贸易总量的 59.47%，其次为边境小额贸易，数量为 126.40 吨，占总量的 36.55%。2018 年出口果仁的贸易方式以来料加工贸易为主，数量为 1 165.63 吨，占出口果仁贸易总量的 99.98%。

### （四）消费情况

据 INC 统计（表 1），2013—2017 年，中国澳洲坚果（以果仁计）消费量从 5 843 吨减少到 4 131 吨，年均减少 8.30%，人均消费 3 克 / 年。

消费人群以年轻人为主，23~35 岁的人群是消费主力。高收入群体更倾向于购买进口产品。消费地区中华东、华南、华北等经济发达地区排名前列，浙江、江苏和广东排名全国澳洲坚果消费前三甲。消费者性别中女性占比超过 70%。线上销售占总销售量的 69%。

据调查，消费者在购买产品时，79.1% 考虑味道，65.2% 考虑食品安全，品牌也是消费者考虑的主要因素之一，占 57.8%。

## 四、澳洲坚果产业存在的问题

### （一）社会组织和平台众多，但缺乏协调机制

全国澳洲坚果相关的社会组织和平台有云南坚果行业协会、广西坚果产业协会、云南省澳洲坚果产业技术创新战略联盟、中国食品土畜进出口商会夏威夷果专业委员会、高原木本油料种质创新与利用国家地方联合工程研究中心、西南地区坚果国家创新联盟等，但这些社会组织和平台大多缺少必要的运行经费，没有很好地发挥应有的作用。面对产业存在的问题，缺少协调机制，很难形成合力来应对产业上出现的问题，不利于产业的健康发展和参与国际市场竞争。

### （二）品种混乱，良种数量总体不足

良种是产业的基础，但由于种植者对良种作用认识的不足，造成产业上使用的品种十分繁杂，一些没有通过正式品种试验评价的品种（株系）也在生产上种植和推广，造成果园产量不稳定，果实品质差。目前虽然生产上通过省部级审（认）定或新品种登记的品种有20多个，但大多数品种的区域性明显，各产区能够选用的当家品种仍然十分有限。

### （三）果园基础设施条件差，管理技术水平低

中国澳洲坚果产业发展初期大多是以退耕还林、经济林木、木本油料和与其他经济作物间种等方式发展，利用山地、坡地大规模种植，道路交通、水利灌溉、电力通信等基础设施条件较差，果园管理技术缺乏，品种未按行种植，树体管理不到位，肥料施用不科学，病虫害防治不重视，果实采收不规范等问题普遍存在，造成客观上果园难管理、成本高，主观上不会管、产品品质差。果园管理粗放，单位面积效益未达到应有水平。

### （四）加工企业小、弱、散，产品单一

目前，加工是澳洲坚果进入消费市场的唯一路径。澳洲坚果产品的加工环节，包括企业、农民合作社和个体等，虽然数量众多，但年加工壳果1 000吨以上的企业仍屈指可数，加工能力总体仍然不足，远不能满足中国澳洲坚果大规模投产后，果实成熟期集中的原料加工需要。综合利用精深加工远未开发，即便如云澳达、云垦、迪思和中澳等具有一定实力的加工企业仍还是以壳果、开口笑、果仁等初级产品加工为主，份额占90%以上，产品种类仍然较为单一。食用油、护肤品、保健品等高端产品发展缓慢，澳洲坚果精油、蜂蜜、日用品、点心、糖果、巧克力等产品研发和宣传力度不够，产业链不够长。加工设备东拼西凑，缺乏成套正规生产线，产品质量不稳定，产品开发研究重视不够。

### （五）标准化和市场交易体系不健全，制约产业发展

中国澳洲坚果标准化生产体系不健全，有关澳洲坚果生产的行业标准、地方标准少，未能覆

盖生产的各个关键环节。尚未建立系统的澳洲坚果质量控制标准体系，如采后处理技术规范、带壳果质量标准、原料果仁质量标准、开口产品标准、果仁及其加工产品系列标准等，导致产品质量参差不齐，贸易缺乏定价依据，风险巨大，增加交易成本，不利于产业的健康发展。中国澳洲坚果交易和其他农副产品一样，长期沿袭自然交易形式，市场体系不健全，无法实现产销的有效对接，与中国澳洲坚果产业的规模和地位不相适应，未能有效起到对产业的带动和促进作用。

### （六）研发经费投入严重不足，科技支撑能力弱

中国澳洲坚果的研发经费投入严重不足，难以满足产业快速发展的需求。面对产业规模不断扩大，产业发展过程中的老问题还没能很好地解决，新问题又不断涌现，有些问题已经给产业造成严重损失（如 2018 年因降水量偏多，云南澳洲坚果炭疽病的流行，造成大量熟前落果），企业和农户面对这些问题时手足无措。然而，由于中国在澳洲坚果研发方面长期缺乏足够的经费支持，科技人员遇到这些问题时有心无力，能解决的问题很有限，如果仍然维持目前的状况，科技对产业的支撑能力将很难得到大的提升。

## 五、澳洲坚果产业发展展望

### （一）种植面积仍将有较大幅度的增加

受澳洲坚果产业前景看好、市场需求旺盛、行业总体效益较好的影响，加之在生态建设、扶贫开发和种植业产业结构调整等方面作用凸显，澳洲坚果在传统产区还在不断扩大种植，新的种植区（如广东省、云南省的红河哈尼族彝族自治州和玉溪市）不断涌现，种植面积仍将有较大幅度的增加。

### （二）产量快速增加

受澳洲坚果收获面积的大幅增加，新品种、新技术的不断应用，果园管理水平不断提高，果园投入维持在较高水平等因素的影响，带动我国澳洲坚果产量持续增加。

### （三）价格稳步上涨

受国内外澳洲坚果市场总体供不应求；2018 年澳洲坚果原料价格深度回调，价格趋于理性；对澳洲坚果健康功能的认可，带动消费升级；果园管理水平提高带动产品质量提升等因素影响，预计 2019 年澳洲坚果的价格稳步上涨。

### （四）新鲜、健康和方便成为产品创新的重要方向

由于澳洲坚果不饱和脂肪含量高，较其他坚果保存难度大，产品越新鲜，风味越佳，产品的新鲜度在一定程度上决定了产品的品质，产业对产品的新鲜度要求较高。随着人们生活节奏的加快，适合办公和社交等特定的场合，健康和食用方便的产品受到消费者的追捧，澳洲坚果果仁产

品的消费将持续增加。坚果类混搭的"每日坚果""一代佳仁""抱抱果"等小包装食品由于便于保存，食用方便，营养更加丰富、均衡，将越来越受到消费者喜爱。

## 六、澳洲坚果产业发展建议

### （一）建议成立中国澳洲坚果协会，统领产业发展

参考澳大利亚澳洲坚果协会、南非澳洲坚果协会的创办经验，成立中国澳洲坚果协会，着重在以下几个方面开展工作：一是制定中国澳洲坚果产业长期发展规划，并组织实施；二是开拓国内外市场，带领企业抱团发展；三是针对产业发展中遇到的问题，提出研究项目，组织大专院校、科研院所和企业开展技术攻关，提高全行业的技术水平；四是搞好技术推广，做好会员服务；五是协调协会与政府、协会与会员、协会与社会其他组织等的关系，为协会的发展争取良好的外部环境。

### （二）做好品种区划，坚持不懈培育新品牌

以现有结果果园中品种的产量、品质和适应性等性状调查为基础，通过 3~5 年的正式评估，优选出适合各澳洲坚果产区种植的当家品种 3~5 个，后续通过高接换种、补换植等措施加快现有果园的品种改造，提高良种覆盖率。坚持不懈地抓好新品种的选育工作，在全国澳洲坚果产区选取有代表性的地块开展品种试验，每 10~20 年向生产上推出一批良种，推动品种升级换代。实行更加严格的品种推广制度，杜绝未经省部级品种审定委员会审（认）定的品种推广种植。

### （三）放缓种植规模和速度，夯实现有基础

目前应该把工作重点转移到果园的科学栽培管理和提高产量、品质和效益上来。中国澳洲坚果的种植面积已是世界第一，如果仍然按低成本扩张的思路来发展，果园效益将难以提高，还浪费大量的资源。要改变发展思路，采取园艺化的管理模式进行管理。首先需要加大投入，整合项目资金，改善果园基础设施（道路和灌溉），重视果园土肥水管理、品种改良、整形修剪、果实采收和病虫害防治等丰产栽培技术应用、示范和推广，大面积提高产量品质，增加农民收入和社会经济效益。

### （四）扶持加工企业发展，争创"世界一流绿色食品牌"

产品加工是澳洲坚果产业持续健康发展的关键。加工直接关系到果农产品的销路和收入，关系到市场和消费，更关系到整个产业的社会经济效益。因此，在市场调节的前提下，建议各级政府给予更多的政策支持，如土地、税收、融资等优惠。鼓励和帮助企业走出去发展，联合或引进国内外有实力的大型加工企业，合作交流共同发展，升级加工能力，丰富加工品种，提升产品质量，争创"世界一流绿色食品牌"，不断扩大市场，促进我国澳洲坚果产业做大做强。

## （五）重视澳洲坚果标准化体系建设，引领产业发展

建议各级政府有关部门加快澳洲坚果标准化体系的建立和完善，并引导行业相关方实施规范的种植、科学的果园管理，确保产品质量和良好的市场秩序，并尽快统筹规划建立澳洲坚果交易中心，逐步在中国建立起国际澳洲坚果电子交易平台，最终引领国际澳洲坚果市场的定位及定价权。

## （六）加大科技投入，增强科技支撑能力

打造一个又大又强的新兴产业离不开强有力的科技支撑，需要吸引国内外优势科技资源，建议各级政府部门每年安排专项资金支持。按照现代农业产业技术体系的思路来建立我国澳洲坚果产业技术体系，培养一支专业人才队伍，全面和深入开展澳洲坚果包括品种选育、丰产优质栽培技术、产品综合利用及精深加工等研究，为做大做强中国澳洲坚果产业提供强有力的技术保障和科技支撑。

# 2018 年咖啡产业发展报告

## 一、世界咖啡产业概况

### （一）产业基本情况

#### 1. 生产情况

近年来，世界咖啡产量保持相对稳定。2018—2019 年，世界咖啡产量 1046.96 万吨（图 1），同比增长 9.83%。其中，巴西 380.4 万吨、越南 182.4 万吨、哥伦比亚 85.8 万吨、印度尼西

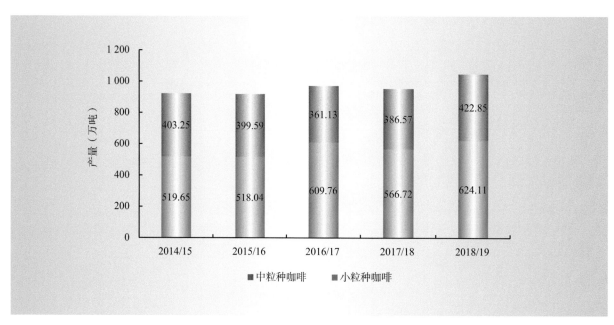

图 1　2014/2015—2018/2019 年世界咖啡产量变化情况

亚 65.4 万吨和洪都拉斯 45.6 万吨，分别占世界总产量的 36.33%、17.42%、8.20%、6.25% 和 4.36%，合计占世界咖啡总产量的 72.55%。

2018—2019 年，世界小粒种咖啡总产量 624.11 万吨（图 1），占世界咖啡总产量的 59.61%，同比增长 10.13%。其中巴西 281.4 万吨、哥伦比亚 85.8 万吨、洪都拉斯 45.6 万吨、埃塞俄比亚 42.6 万吨和秘鲁 26.4 万吨，分别占世界小粒种咖啡总产量的 45.09%、13.75%、7.31%、6.83% 和 4.23%，合计占世界小粒咖啡总产量的 77.2%。

2018—2019 年，世界中粒种咖啡总产量 422.85 万吨（图 1），占世界咖啡总产量的 40.39%，同比增长 9.39%。其中越南 174 万吨、巴西 99 万吨、印度尼西亚 58.2 万吨、印度 24 万吨和乌干达 22 万吨，分别占世界中粒种咖啡总产量的 41.15%、23.41%、13.76%、5.68% 和 5.25%，合计占世界中粒咖啡总产量的 89.25%。

**2. 价格情况**

2018 年，国际咖啡组织（ICO）综合平均价为 2.4 美元 / 千克（图 2），同比下跌 13.94%。其中哥伦比亚淡味（Colombian Milds）小粒种咖啡 3.01 美元 / 千克，其他淡味（Other Milds）小粒种咖啡 2.92 美元 / 千克，巴西日晒（Brazilian Naturals）小粒种咖啡 2.50 美元 / 千克，中粒种（Robustas）咖啡 1.87 美元 / 千克。

ICO 各月综合平均价年中 5 月（2.5 美元 / 千克）和 10 月（2.45 美元 / 千克）有两次价格小

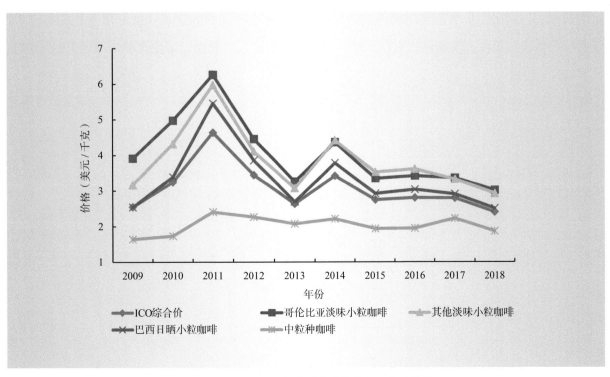

图 2　2009—2018 年世界咖啡价格年际变动趋势

幅上涨，但总体价格呈下行趋势，从1月2.55美元/千克，跌至12月2.22美元/千克（图3）。

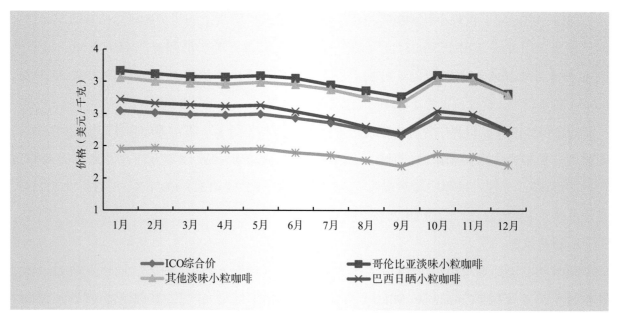

图3　2018年世界咖啡价格变动趋势

### 3. 贸易情况

据美国农业部（USDA）统计，2018—2019年，世界咖啡出口量为820.42万吨（图4），同比增长4.23%。出口量居前十位的国家依次为巴西、越南、哥伦比亚、印度尼西亚、洪都拉斯、印度、乌干达、秘鲁、埃塞俄比亚和危地马拉。其中，巴西、越南、哥伦比亚、印度尼西亚和洪

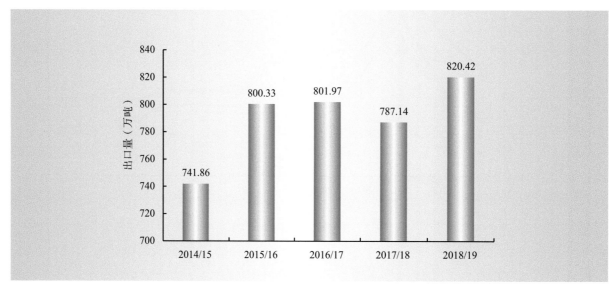

图4　2014/2015—2018/2019年世界咖啡出口量变化

都拉斯出口量分别为 211.98 万吨、169.20 万吨、79.80 万吨、48.84 万吨和 43.80 万吨，占出口总量的 25.84%、20.62%、9.73%、5.95% 和 5.34%，合计占世界出口总量的 67.48%。

据 USDA 统计，2018—2019 年，世界咖啡进口量居前五位的国家依次为欧盟、美国、日本、菲律宾和俄罗斯，进口量分别为 291 万吨、162.6 万吨、52.68 万吨、33.6 万吨和 29.7 万吨（图 5）。

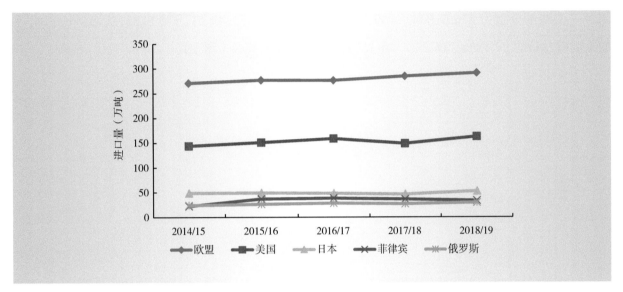

图 5　2014/2015—2018/2019 年主要咖啡进口国进口量变化

### 4. 消费情况

据 USDA 统计，2018—2019 年，世界咖啡消费为 981.53 万吨（图 6），同比增长 2.07%。

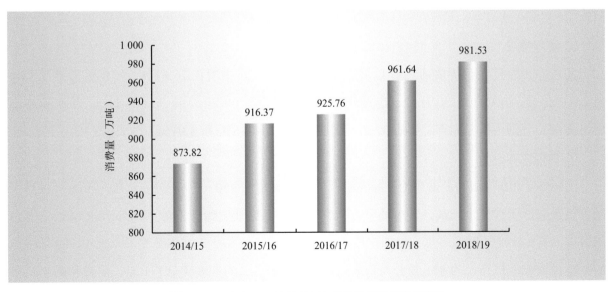

图 6　2014/2015—2018/2019 年世界咖啡消费量变化

消费量居前 10 位的国家或地区为欧盟、美国、巴西、日本、菲律宾、俄罗斯、加拿大、中国（统计数据不含中国港澳台地区）、印度尼西亚和埃塞俄比亚。其中，年消费量超过 10 万吨的有欧盟、美国、巴西、日本、菲律宾、俄罗斯、加拿大、中国（统计数据不含中国港澳台地区）、印度尼西亚、埃塞俄比亚、越南、韩国、墨西哥、阿尔及利亚、澳大利亚和瑞士等 16 个国家或地区，总消费量达 869.92 万吨，占世界消费总量的 88.63%。欧盟、美国、巴西、日本和菲律宾的咖啡消费量分别为 276.6 万吨、159.05 万吨、139.2 万吨、49.51 万吨和 33.75 万吨，占世界咖啡消费总量的 28.18%、16.2%、14.18%、5.04% 和 3.44%（图 7）。

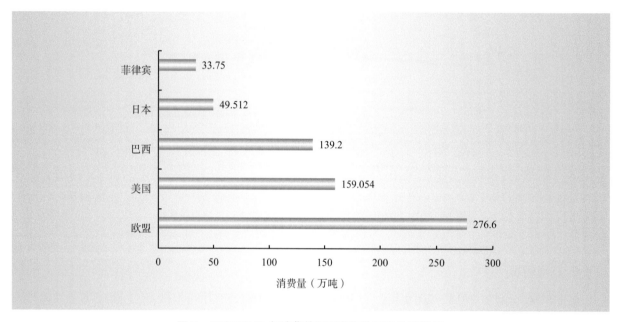

图 7　2018/2019 年消费前五国家和地区咖啡消费量

### 5. 库存情况

2018—2019 年，世界咖啡库存总量为 222.34 万吨，同比增长 26.61%，库存量占世界产量的 27.1%，其中欧盟 82.80 万吨、巴西 41.12 万吨、美国 40.80 万吨、日本 19.80 万吨和越南 6.80 万吨，分别占世界库存总量的 37.24%、18.50%、18.35% 和 8.91%（图 8）。

### 6. 种植成本分析

国际咖啡组织（ICO）发布的世界咖啡种植平均成本为 260~275 美分 / 千克，2018 年世界市场价格普遍低于种植生产成，种植环节亏损严重，据卡拉维拉咖啡公司（Caravela Coffee）发布的数据，哥伦比亚、厄瓜多尔、尼加拉瓜、秘鲁、危地马拉和萨尔瓦多等美洲六国中，厄瓜多尔的咖啡种植成本最高，为 421 美分 / 千克，危地马拉次之，为 308 美分 / 千克，秘鲁和萨尔瓦多为 282 美分 / 千克，哥伦比亚为 262 美分 / 千克，尼加拉瓜最低，为 233 美分 / 千克（表 1）。

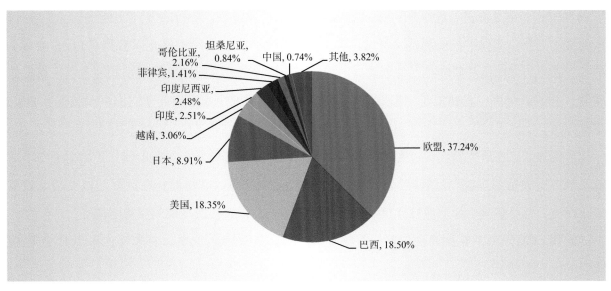

图 8　2018/2019 年世界各国咖啡库存比例

| 表 1 | | 2018 年美洲主要咖啡种植国家成本 | | | | |
|---|---|---|---|---|---|---|

（单位：美分 / 千克）

| 生产成本 | 哥伦比亚 | 厄瓜多尔 | 尼加拉瓜 | 秘鲁 | 危地马拉 | 拉萨尔瓦多 |
|---|---|---|---|---|---|---|
| 管理费用 | 93 | 154 | 53 | 90 | 112 | 97 |
| 采摘成本 | 95 | 143 | 68 | 110 | 90 | 88 |
| 人工成本 | 15 | 35 | 24 | 24 | 37 | 4 |
| 农资成本 | 44 | 70 | 44 | 46 | 48 | 62 |
| 机械费 | 13 | 13 | 40 | 7 | 13 | 18 |
| 其他 | 2 | 4 | 4 | 4 | 7 | 13 |
| 合计 | 262 | 421 | 233 | 282 | 308 | 282 |

数据来源：Caravela Coffee，咖啡金融网整理

### （二）世界咖啡主产国政策分析

#### 1. 美洲主产国政策

美洲是世界咖啡种植的中心，拥有最前沿的种植技术、研究机构、团体组织等，产业发展不再依靠盲目的扩张咖啡种植以及简单直补，亟待建立长效机制以促进咖啡产业发展。

**哥伦比亚**。设立咖啡价格稳定基金，补助咖农；政府出台了旨在建立价格稳定基金的特许权使用费法案草案，以稳定咖啡种植者收入；废除咖啡出口增值税，推出新的咖啡保险计划以应对气候变化。

世界咖啡豆贸易均以国家咖啡期货（俗称 C-Price）作为价格基准，再结合相应的升贴水后形成本国的咖啡豆价格。近年来，国际咖啡期货价格持续下跌，C-Price 价格已经跌至咖啡种植国的成本之下。为保护行业利益，哥伦比亚国家咖啡生产者协会考虑停止以参照 C-Price 价格基准的方式出售本国高品质咖啡，并创建自己的参考价格，以真实反映种植成本和咖农应该获得的利润；并邀请秘鲁、玻利维亚、坦桑尼亚、肯尼亚和埃塞俄比亚等中美洲国家一起脱离 C-Price 定价体系。

**牙买加**。正在研究旨在促进咖啡产业发展的长期方案，支持牙买加蓝山和牙买加高山咖啡发展。该方案包括通过农产品管理局（JACRA）减少蓝山和高山咖啡商标在国际上以及当地的被侵权行为，提高咖啡生长适应性和抗病性监测管理水平，开展杯测技能的咖啡培训等。

**巴西**。修改 2019 年预算法项目，将咖啡研究预算金额增加 36%，将咖啡列入 2019 年巴西政府的优先事项。

**其他国家**。瓜地拉马、尼加拉瓜等美洲咖啡生产国扩大了中粒种咖啡种植。哥斯达黎加解除了禁种中粒种咖啡的禁令，开始进行试验性种植。

### 2. 非洲主产国政策

据国际咖啡组织的数据显示，受国际投资增加、政府支持加强等因素影响，2017—2018 年度，非洲咖啡产量在经历了连续 3 年减少之后再次增长。

**埃塞俄比亚**。进行咖啡行业的生产和营销改革，计划未来 5 年内将产量增加 2 倍。支持咖啡树更新，促进年产量从 60 万吨提高到 120~180 万吨。

**科特迪瓦**。出台了振兴咖啡计划，旨在将咖啡从当前的 5 万吨提升至 20 万吨。计划逐年增加本地加工量，到 2020 年实现本地加工量 5 万吨，促进生产者收入由 1 亿美元增长至 3 亿美元。

**坦桑尼亚**。制定 10 年咖啡发展规划，将咖啡产量从 5 万吨增加至 15 万吨。为解决 3.65 万公顷咖啡种植园面临咖啡种子缺乏的问题，在乞力马扎罗省试验高产和抗病的咖啡品种。

### 3. 亚洲主产国政策

亚洲不是传统咖啡产区，近年来，缅甸、老挝、菲律宾等亚洲国家开始重视发展咖啡种植业。

**缅甸**。出台政策向咖农贷款 8 亿缅币，帮助小型咖啡种植户获取资金支持。曼德勒咖啡协会温洛克国际（Winrock）及美国国际开发署（USAID）在缅甸实施咖啡促进工作，每年为 2500 多家高品质咖啡生产者提供 1.6 亿缅币资金支持。

**印度尼西亚**。着手研究发展更受欢迎的小粒种咖啡，提高本国咖啡质量和产能。

**菲律宾**。以色列农业科技公司（LP 集团）与菲律宾政府达成一项总额高达 440 亿比索的项目，为菲律宾全境安装 6200 台太阳能灌溉系统，优先选择在咖啡、可可和椰子等种植基地安装太阳能灌溉系统。

### （三）世界咖啡产业趋势

#### 1. 产量呈增长态势

根据 USDA 统计数据，近 5 年，世界咖啡产量总体呈现持续增长态势趋势。2018—2019 年度世界咖啡产量达 1 046.96 万吨，首次突破了 1 000 万吨，较 10 年前 2009—2010 年度增长了 41.9%。

#### 2. 消费稳定增长

据 USDA 统计数据，2014—2015 年、2018—2019 年世界咖啡消费量平均年增长率为 2.95% 的水平。2018—2019 年，世界咖啡消费量为 981.53 万吨，同比增长 2.07%。咖啡出口国和咖啡进口国的消费量都保持了稳定增长。

#### 3. 价格仍在低位徘徊

在世界范围内的咖啡供应将再次出现过剩的预期下，预计 2019 年咖啡豆价格仍将在低价位徘徊，甚至可能出现继续下跌的可能。相比其他国家，供应过剩最严重的就是巴西。美国哥伦比亚大学可持续发展中心主任、经济学家杰弗里·萨克斯认为"咖啡价格低的根本原因是巴西的高生产率、强势的美元和弱势的雷亚尔"。

## 二、中国咖啡产业基本情况

### （一）种植情况

#### 1. 种植面积和收获面积

据农业农村部农垦局统计，2018 年，中国咖啡种植面积为 184.05 万亩、收获面积为 141.24 万亩（图 9），同比分别增长 2.35% 和减少 17.28%。其中，云南省种植面积为 182.61 万亩，同比增长 3.17%；海南省种植面积为 1.14 万亩，同比减少 2.56%；四川省种植面积为 0.3 万亩，同比减少 81.82%。

#### 2. 产量、单产和产值

据农业农村部农垦局统计，2018 年，中国咖啡总产量 137 888.52 吨（图 9），同比减少 6.35%。其中，云南省产量为 137 888.52 吨，占总产量的 99.59%，同比减少 5.29%；海南省产量 361 吨，占总产量的 0.26%，同比减少 10.86%；四川省产量为 200 吨，占总产量的 0.15%，同比增长 16.83%。平均单产为 97.63 千克 / 亩，同比下降 25.21%，其中，云南省平均单产为 97.61 千克 / 亩，同比下降 24.8%；海南省平均单产为 144.4 千克 / 亩，同比下降 0.17%；四川省平均单产为 160 千克 / 亩。总产值为 204 268.41 万元，同比减少 22.98%。其中，云南省总产值为 203 010.41 万元、同比减少 21.92%；海南省总产值为 722 万元、同比减少 10.86%，四川省总产值为 536 万元，同比减少 87.86%。

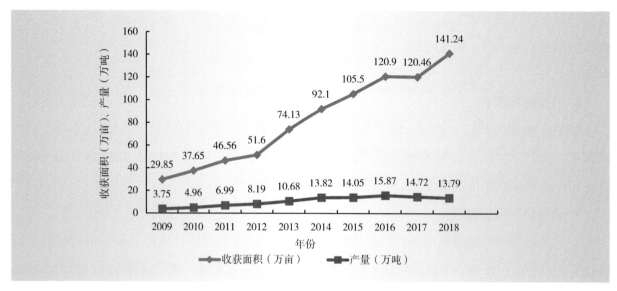

图 9　2008—2018 年中国咖啡生产变化趋势

## （二）市场及贸易情况

### 1. 全年的价格走势

近两年国际咖啡价格持续走低，2018 年世界咖啡产量创历史新高，咖啡价格跌至近 10 年低点。2018 年，云南市场综合平均价 14.71 元/千克，同比下跌 18.61%。其中，1—9 月震荡下跌，从 1 月 15.7 元/千克跌至 9 月的 13.1 元/千克；10 月价格大幅反弹，涨到全年的高位 15.9 元/千克；之后，又回落至 13.5 元/千克（图 10）。

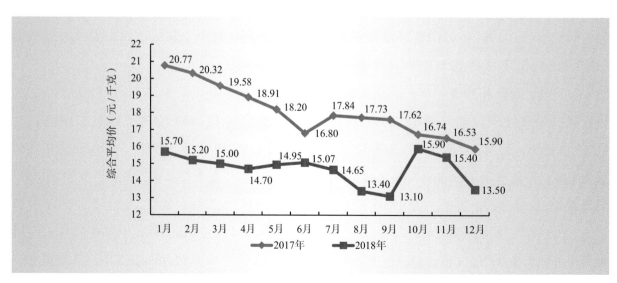

图 10　2017—2018 年中国咖啡综合平均价走势

## 2. 进出口贸易

据中国海关统计，2018 年，中国咖啡进口量为 10.25 万吨，同比减少 19.35%，进口贸易额 4.83 亿美元，1—12 月各月咖啡进口量分别为 8 039.13 吨、6 454.71 吨、7 398.08 吨、8 659.11 吨、10 046.23 吨、7 164.76 吨、6 751.15 吨、9 604.22 吨、11 741.66 吨、8 984.24 吨、8 497.62 吨和 9 163.48 吨。中国咖啡出口量为 10.69 万吨，同比减少 8.18%，出口贸易额 3.34 亿美元，1—12 月各月咖啡出口量分别为 3 365.27 吨、4 510.63 吨、8 292.64 吨、10 307.37 吨、18 881.41 吨、15 939.35 吨、10 155.92 吨、11 142.50 吨、7 003.55 吨、6 491.65 吨、5 493.36 吨和 5 293.40 吨（图 11、图 12）。

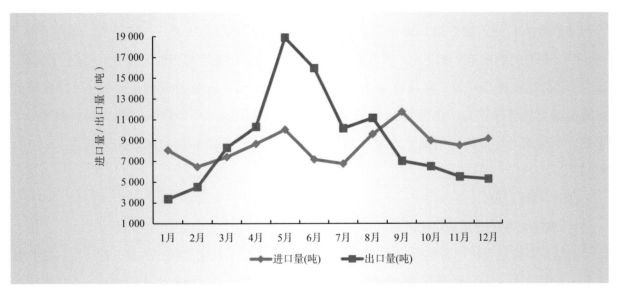

图 11　2018 年 1—12 月中国咖啡进出口量变化趋势

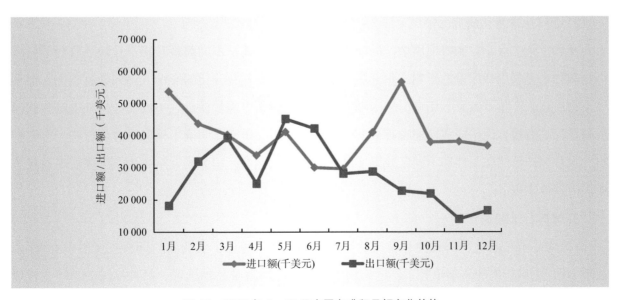

图 12　2018 年 1—12 月中国咖啡贸易额变化趋势

### 3.国内消费市场分析

国内咖啡市场增速较快，咖啡的需求远未到饱和阶段，未来消费市场上升潜力非常大。咖啡消费市场规模在1 000亿元左右，其中速溶咖啡占72%，现磨咖啡占18%，即饮咖啡占10%。人均年饮用咖啡仅4.5杯，与美日等发达国家相比，咖啡消费仍处于初期阶段，大多数用户的咖啡饮用习惯尚未养成。同时，咖啡市场近10年年复合增长率为15%，远超美国的2%和日本的1%。

### （三）产业综合效益

咖啡种植主要集中在云南边疆民族地区，发展咖啡生产，对于促进本地区农业结构调整、拓宽农民增收渠道、改善生态环境，乃至推动区域经济社会发展，都具有十分重要的意义。据云南省农业农村厅监测数据，2018年从事咖啡产业农户数量约25万户125万人，亩均产值2 184元，亩均生产成本1 820元，亩净产值为364元，同比减少42.9%。其中，劳动力成本1 255元、肥料成本200元、农药成本20元、加工费145元、土地租金及其他200元。咖啡产业链上游种植环节生豆的价值贡献17.1元/千克，中游深加工环节烘焙豆的价值贡献83元/千克，下游流通环节的价值则暴增至1 567元/千克，三个环节利益分配占比分别为1%、6%和93%。

### （四）科研进展

### 1. 咖啡化学成分及其功能研究

中国科学院昆明植物研究所对小粒咖啡果实及种子进行深入化学成分研究，建立了核磁共振波普（NMR）快速分析咖啡化学成分的技术体系，发现了40多个新天然化学结构，为世界的咖啡化学成分研究开辟了一些新的咖啡分子资源。

### 2.咖啡生理生化研究

开展了干热区小粒咖啡提质增产的灌水和遮阴耦合模式、不同荫蔽栽培下亏缺灌溉对干热区小粒咖啡水光利用和产量的影响、水分胁迫对中粒种咖啡花芽分化的影响、不同施氮条件下咖啡果干物质积累产量及氮肥利用率、云南咖啡主栽区土壤肥力现状评价、不同咖啡品种果实性状调查和怒江高海拔地区不同成熟期咖啡果实性状差异分析等研究，明确了施肥量对生长和光合的影响、水分和产量的相关性和不同区域果实品质差异相关性等，相关研究结果为咖啡优质高效栽培提供了理论支撑。

### 3.咖啡标准研究

《植物品种特异性、一致性和稳定性测试指南咖啡》通过了农业农村部科技发展中心评审。咖啡DUS测试指南的研制填补了国内空白，对促进中国咖啡品种选育、品种权保护、种业管理和产业发展具有重要的意义。

### 4.咖啡检测分级与加工研究

开展了基于机器视觉的小粒咖啡豆的检测技术，咖啡烘焙工艺优化及总糖含量的测定，果胶非浸泡式发酵（鲜果发酵和水洗干发酵、日晒、黑蜜、干红蜜）和浸泡式发酵（三重水洗发酵、全水洗）等六种不同初加工工艺对生豆粗蛋白质、粗脂肪、咖啡因等内含物质及密度的影响，六种速溶咖啡的傅里叶变换红外光谱鉴别等研究。获得了咖啡豆品质检测、分级参数，为咖啡检测、分级与加工提供了技术支撑。

### 5.咖啡副产物利用

优化咖啡果皮茶制作工艺，开发出咖啡果皮茶新产品，研制咖啡果皮茶标准。开展了咖啡渣部分替代蛹虫草栽培基质的营养成分及生长的影响研究，初步表明咖啡渣可部分替代蛹虫草栽培基质。

## 三、中国咖啡产业发展形势分析

### （一）产量总体呈现增长态势

中国已成为世界第 13 大中粒种和第 9 大小粒种咖啡生产国，但是与世界咖啡的总产量和贸易量相比，中国咖啡产业仍然体量较小。2018 年，中国咖啡产量为 13.79 吨，2009 年至 2018 年中国咖啡产量呈现快速增长，年平均增长率达 15.57%。此外，2018 年中国咖啡产量占世界总产量的 1.32%，比 2003 年的世界占比 0.31% 有较大提升。

### （二）进出口数量基本平衡

从中国海关统计的咖啡进出口数据来看，2009—2018 年中国咖啡进出口数量和金额总体均呈增长趋势，进出口量基本平衡。据中国海关贸易统计数据，2018 年中国咖啡出口量为 10.25万吨，约占世界咖啡出口总量的 1.46%；咖啡进口量为 10.69 万吨，约占世界咖啡进口总量的 1.3%。

### （三）现磨咖啡市场份额增长较快

从咖啡饮用结构分析，世界现磨咖啡消费量占比超过 87%，速溶咖啡占比不足 13%；而中国速溶咖啡消费量占比达 84%，而现磨咖啡的市场份额不足 16%。在起点低和需求量大的前提下，未来中国咖啡市场的总体规模仍会保持增长趋势。从差异的数量和饮用偏好上来看，中国在咖啡市场和咖啡饮用结构上极具潜力和成长空间。在咖啡品类的选择上，口味、香味都更好的现磨咖啡符合消费升级的趋势，预计有较快增长空间。

### （四）咖啡新零售模式将带来结构性机会

近几年，以自助咖啡机和外卖咖啡为代表的咖啡新零售渠道持续受到资本关注。咖啡新零售企业的机会，一方面在于对原有咖啡馆模式的成本结构优化，另一方面在于满足了新的用户消费分层需求。未来，现磨咖啡企业若能在保证咖啡口感品质的基础上，进一步优化咖啡的成本结构，将很可能为国内咖啡市场带来结构性机会。

## 四、咖啡产业存在的问题

### （一）产业附加值低

云南是世界优质的咖啡产地之一。但由于咖啡企业的深加工能力落后、营销能力低等原因，一直以生产咖啡生豆和速溶咖啡为主，咖啡加工企业普遍小、散、弱，初加工技术落后，精深加工能力不足，产业发展一直在低水平运行，附加值和效益没有得到体现。

### （二）质量标准控制体系缺乏

咖啡产业链长，控制环节多，缺乏成体系的精品咖啡所需的质量控制标准，技能人才培养仍数量不足，各环节质量控制差异较大，存在质量不优、结构不合理的问题，导致生产质量参差不齐、稳定性差。

### （三）科技支撑不足

中国咖啡科研工作起步较晚，研发经费投入较少，在新品种选育及加工技术等方面科技创新能力弱，未建立从种子到杯子、从田间到餐桌的科技支撑体系，制约了产业水平的整体提升。

## 五、咖啡产业发展建议

### （一）加强政府的宏观指导和扶持

坚持市场主导、政府引导，企业主体和农民自愿参与原则，政府部门因地制宜，依托资源优势，加大对咖啡产业的宏观指导和扶持力度，积极制定促进产业发展的相关政策及具体措施。整合各类项目资金，将种质资源保存与科技创新体系建设、优良种苗繁育基地建设、标准化生产基地建设、加工与物流体系建设、技术服务体系建设等项目纳入重点扶持计划，给予重点倾斜。

### （二）构建咖啡社会化服务体系

从政策、技术、财政、金融和税收等方面，扶持龙头企业、专业合作社、行业协会、科研院所、大专院校和技术推广等机构，构建咖啡产前、产中、产后社会化服务体系，为咖啡产业可持续发展提供支撑服务，提高咖啡产业综合生产能力和市场竞争能力。

### （三）完善咖啡市场体系

以市场为导向、效益为中心、资本为纽带，通过企业化运作，引导培育国内咖啡期货市场，提高中国市场的国际影响力。完善咖啡现货市场，在核心产地建设大型交易市场，打造区域贸易中心。加强电子商务平台、物流仓储体系、标准体系和质量可追溯监控体系配套建设。

### （四）强化科技创新与推广应用

以科技需求为导向，以绿色、优质、高效生产为目标，围绕产业链构建科技支撑链，加强科技创新与推广应用，着力解决创新能力不足和支撑产业乏力等问题。

# 2018 年剑麻产业发展报告

## 一、世界剑麻产业概况

### （一）生产情况

剑麻是全球最重要的热带纤维作物，在世界热区有广泛的分布，前十大生产国为巴西、坦桑尼亚、肯尼亚、海地、马达加斯加、墨西哥、摩洛哥、中国、莫桑比克和埃塞俄比亚。据联合国粮农组织（FAO）统计，2017 年全球剑麻收获面积 326.84 万亩，纤维产量 20.22 万吨，分别减少 34.27% 和 32.54%。其中，巴西收获面积 127.29 万亩、7.96 万吨；坦桑尼亚 67.72 万亩、3.24 万吨；肯尼亚 39.30 万亩、2.36 万吨；海地 29.78 万亩、1.11 万吨；马达加斯加 20.76 万亩、1.76 万吨（图 1、图 2）。前十大剑麻生产国合计占全球剑麻收获总面积和纤维产量的 95%

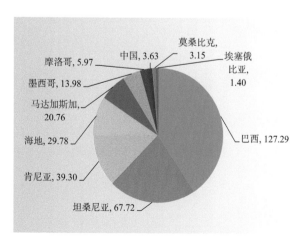

图 1　2017 年前十大剑麻生产国的收获面积

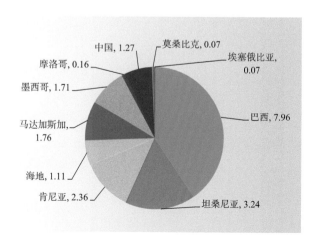

图 2　2017 年前十大剑麻生产国的产量

以上，其中巴西的收获面积和纤维产量约占全球的 40%。2017 年世界剑麻的平均单产为 60.29 千克 / 亩，而中国剑麻单产 405.61 千克 / 亩，是世界单产的 6.73 倍。

受连续干旱等自然灾害、病虫害频发和割麻劳动力短缺等影响，2008—2017 年世界剑麻收获面积整体呈下降趋势（图 3）。由 2008 年的 650.90 万亩下降至 2017 年的 326.84 万亩，年均降幅为 10%。世界剑麻纤维产量波动情况与收获面积的基本一致，由 2008 年的 39.44 万吨下降至 2017 年的 20.22 万吨，年均降幅为 9.5%。

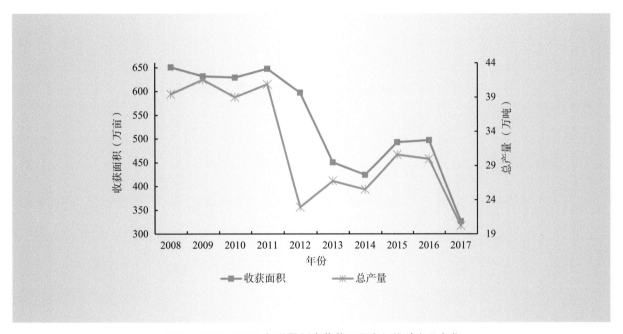

图 3  2008—2017 年世界剑麻收获面积和纤维总产量变化

数据来源：FAO

## （二）贸易情况

剑麻贸易主要出口国为巴西、坦桑尼亚和肯尼亚，其中巴西的剑麻出口量占世界总出口量的 50% 以上（图 4）；而中国则是最主要剑麻进口国。据巴西农业部估算，2018 年世界剑麻贸易量 11.36 万吨，贸易额 17.84 亿美元。

由于巴西在剑麻贸易中的重要地位，巴西剑麻纤维离岸价也基本代表了世界剑麻纤维的价格（图 5）。2009—2018 年整体呈上升趋势，2009—2012 年，巴西剑麻纤维离岸价保持缓慢上升，年均增速为 9.00%；2012—2015 年离岸价增速进一步加快，年均增速达 28.96%，至 2015 年巴西纤维离岸价达 1 541.82 美元 / 吨；2016 年小幅回落至 1 471.77 美元 / 吨，同比下降 4.54%；2017 年小幅回升至 1 567.13，同比增长 6.48%。而 2018 年小幅回落至 1 529.61 美元 / 吨，同比下降 3.00%。

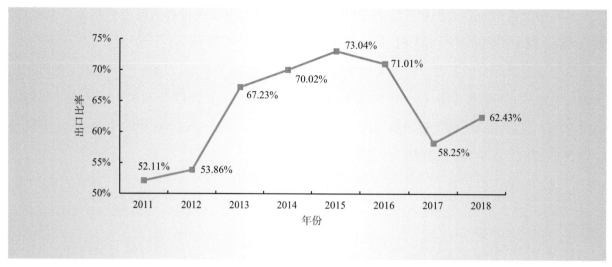

图4　2011—2018年巴西剑麻出口比重变动情况

数据来源：巴西农业部

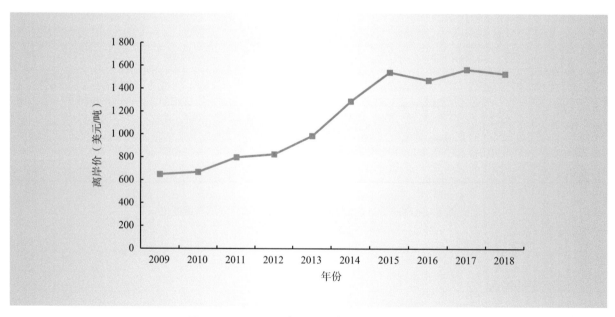

图5　2009—2018年巴西剑麻纤维离岸价情况

数据来源：巴西农业部

## 二、中国剑麻产业基本情况

### （一）生产情况

#### 1. 种植及收获面积

2018年中国剑麻种植面积31.86万亩（图6），同比减少18.03%。其中，广西25.89万亩，广东4.55万亩，海南1.07万亩，分别占全国总面积的81.26%、14.28%和3.36%。全国收获面积 20.14 万亩，广西、广东和海南分别为 16.11 万亩、2.92 万亩和 1.07 万亩。

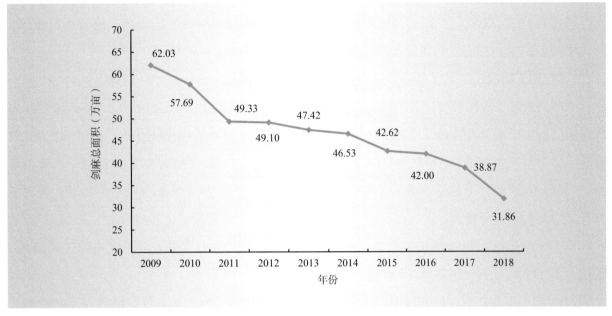

图 6　2009—2018 年中国剑麻总面积变化情况

数据来源：农业农村部农垦局

### 2．总产量、单产水平及总产值

**总产量。**2018 年，全国剑麻总产量为 8.17 万吨，同比减少 12.01%（图 7）。其中，广西 7.59 万吨，同比减少 12.81%；广东 0.27 万吨，同比减少 1.92%；海南 0.31 万吨，同比增加 1.29%。三省（自治区）产量分别占全国的 92.86%、3.26% 和 3.74%。

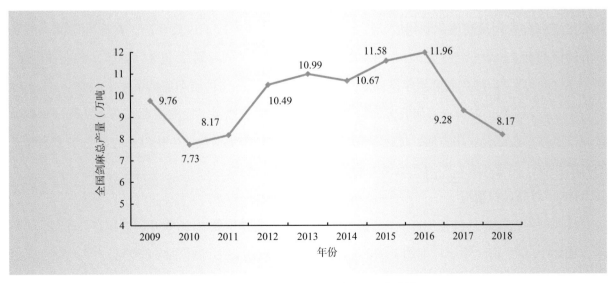

图 7　2009—2018 年全国剑麻总产量变化情况

数据来源：农业农村部农垦局

**单产**。全国平均单产 405.61 千克／亩。

**总产值**。全国剑麻总产值为 7.79 亿元，同比减少 35.79 %。其中，广西总产值为 7.21 亿元，同比减少 37.72 %；广东总产值为 0.36 亿元，同比增加 5.84%；海南总产值为 0.21 亿元，同比增加 1.27%。三省（自治区）产值分别占全国的 92.51%、4.62% 和 2.67%。

## （二）加工情况

中国剑麻加工业发展较快，剑麻加工企业主要有广西剑麻集团有限公司、广东省东方剑麻集团有限公司、广东琅日特种纤维制品有限公司、江苏淮安市万德剑麻有限公司、江苏洪泽迈克剑麻有限公司和江苏南通大达麻纺织有限公司等，主要生产白棕绳、剑麻纱、剑麻地毯、剑麻抛光布、门口垫、絮垫、工艺品、墙纸、剑麻钢丝绳芯和化工品等 20 个系列 500 多个品种，实现了以产品为龙头，以市场为导向，产、供、销一条龙的产业化经营模式，2018 年加工产值约 18 亿元。据不完全统计，2018 年主要产品的生产量：剑麻地毯约 400 万平方米，麻布约 23 000 吨，纱线约 10 000 吨，钢丝绳芯约 5 000 吨。

2018 年广东省东方剑麻集团有限公司生产漂白绳、纱线、麻布和染色纤维等各类剑麻产品 3 085 吨和剑麻地毯等 14 万平方米。广西剑麻集团有限公司则大力调整产品结构，增加高档钢丝绳芯规格产品的数量，开拓销售新亮点，并以山圩公司作为调整的核心加工基地，2018 年山圩制品公司生产电梯用钢丝绳芯、高密度麻布和高支纱条等剑麻制品 4 400 吨，高附加值产品占 80%。

## （三）科研情况

2018 年主要科研进展有：**在专利方面**，涉及剑麻的专利有 39 项，主要包括剑麻机械、活性产物、产品和技术方法等领域；**在成果方面**，由广西众益生物科技有限公司完成的"特色林作物剑麻废渣综合处理及高值化利用成套技术的研究"在广西完成了成果登记；**在标准方面**，涉及剑麻的标准有 4 项农业行业标准："剑麻加工机械 理麻机""剑麻制品 包装、标识、贮存和运输"和"剑麻叶片""标准化剑麻园建设规范"；**在育种方面**，抗病种质平均结果率 20.16%，筛选到 3 个抗病杂交群体；**在病虫害研究方面**，剑麻紫色卷叶病病原鉴定检测技术取得了突破，初步确认为植原体；**在综合利用方面**，优化麻渣饲料青贮技术，添加适量微生物以解决高含水率下麻渣的青贮问题，实现麻渣青贮的产地化。

## （四）对外合作情况

目前中国已在海外种植剑麻 4.8 万亩，其中坦桑尼亚种植剑麻 28 000 亩，年产纤维约 2 000 吨；缅甸 10 000 亩，年产纤维约 1 000 吨；印尼 10 000 亩，年产纤维约 800 吨。我国剑麻"走出去"主要以种植为主，原料返销，2018 年广西剑麻集团向缅甸基地运送了定植种苗约 10.5 万株，抚育种苗约 9 万株，向农业农村部报送 2018 年农业国际交流合作项目《老挝剑麻种植加工生产示范基地建设项目》任务申报书，已被列入广西区发改委《中老合作规划纲要》任务方案。

## 三、中国剑麻市场形势分析

### （一）全年价格走势情况

2018 年，国内外市场对剑麻的需求一直保持较旺盛的态势，特别是优质剑麻纤维供不应求。通过对广西区和广东省剑麻种植场进行定点跟踪可知，2018 年广东和广西地头剑麻纤维均价（鲜叶折算价，干纤维抽出率按鲜叶 4.5% 计）保持不变，均为 10 元 / 千克；广西区大机烘干的剑麻纤维价格在 13~14.5 元 / 千克，小机晒干的剑麻纤维价格为 7.3~8 元 / 千克；广东省的一刀麻纤维价格（鲜叶折算价）最低，为 4.4 元 / 千克，二刀麻纤维价格为 6 元 / 千克，三刀麻纤维价格为 8 元 / 千克，四刀及以上麻纤维价格为 10 元 / 千克。

### （二）进出口情况

2014—2018 年，我国剑麻纤维进口量呈现波动态势，以 2016 年进口量最少，而后出现回升。据海关统计，2018 年，我国进口西沙尔麻等纺织龙舌兰类纤维及其短纤和废麻 3.84 万吨，同比增长 13.41%，进口金额 5 936.23 万美元，同比增长 12.50%。进口均价为 1.55 美元 / 千克，同比减少 0.64%。其中，从巴西进口 1.56 万吨、马达加斯加 0.25 万吨，坦桑尼亚 1.53 万吨、肯尼亚 0.33 万吨，分别占总进口量的 40.68%、6.41%、39.87% 和 8.55%。坦桑尼亚同比减少 11.82%，巴西、马达加斯加和肯尼亚进口量同比分别增长 40.58%、35.08% 和 1.26%。2018 年出口意大利的剑麻类纤维及其短纤和废麻为 6 千克，出口金额 162 元（图 8、图 9）。

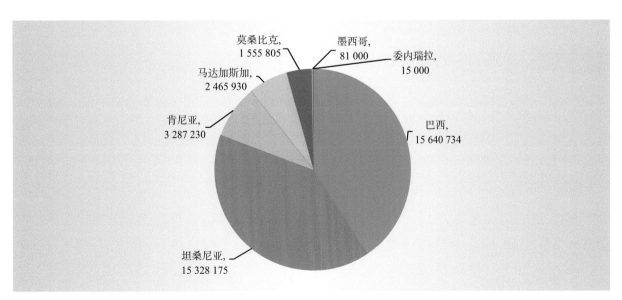

图 8　2018 年不同进口国的剑麻纤维进口量情况

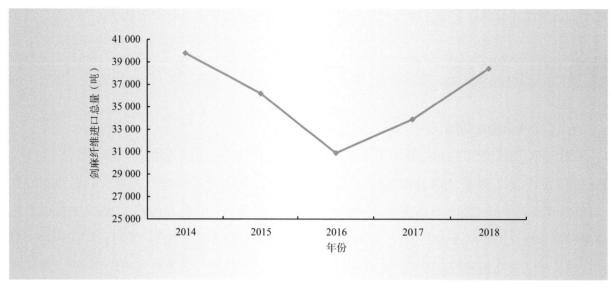

图9　2014—2018 年我国剑麻纤维进口量的变化情况

### （三）效益分析

剑麻是最为重要的热带纤维作物，生命周期长，一般在 12 年以上才开花，且开一次花后死亡。剑麻非生产期为种植后头三年，生产期一般在 9 年以上，如果管理到位生产期在 12 年甚至更长，鲜叶的干纤维抽出率为 4.5%。剑麻综合利用价值高，具有广阔的发展前景。

通过连续 6 年跟踪调查广西东风农场和东方农场的 3 位种植户投出／产出情况（表1，表2）可以看出，不同剑麻种植户间管理水平差异较大，种植户 3 与种植户 2 相比，2013 年和 2014 年收获叶片的亩产基本相同，而 2015—2018 年则分别高 12.67%、13.95%、6.95% 和 10.00%，显然在种植年限基本一样的情况下，种植户 3 的管理水平要高一些。

**表 1　2014—2018 年三位种植户收获叶片情况**

| 农场种植户 | 面积（亩） | 2014 年 | | 2015 年 | | 2016 年 | | 2017 年 | | 2018 年 | | 备注 |
|---|---|---|---|---|---|---|---|---|---|---|---|---|
| | | 总产（吨） | 亩产（吨） | 总产（吨） | 亩产（吨） | 总产（吨） | 亩产（吨） | 总产（吨） | 亩产（吨） | 总产（吨） | 亩产（吨） | |
| 东风种植户 1 | 22.2 | 210 | 9.5 | 212 | 9.5 | 226 | 9.7 | 230 | 10.36 | — | — | 09 年麻已转产 |
| 东方种植户 2 | 31.2 | 452 | 14.5 | 458 | 14.7 | 458 | 14.7 | 471.1 | 15.1 | 340.8 | 10.9 | 06 年麻 |
| 东方种植户 3 | 12.8 | 189 | 14.8 | 214 | 16.7 | 218 | 16.8 | 206.7 | 16.2 | 152.5 | 11.9 | 07 年麻 |

东方种植户 2 的有机肥是糖厂免费提供的滤泥，东方种植户 3 的有机肥是自产的鸡粪，因

此东方农场两种植户每亩投入要低，从而净利润更高。从表 2 可以看出，2018 年平均净利润 3 065.25 元，比 2017 年增长 19.00%，原因在于净利润较低的东风农场种植户退出。随着割麻成本逐年上升，2018 年约占总成本一半，严重地挤压了种植户的利润空间。

**表 2　　2018 年固定观测户效益分析**

（元/亩）

| 农场种植户 | 毛收入 | 投入（含肥料、机耕人工及地租） | 割麻成本 | 打麻成本 | 净利润 | 同比 | 备注 |
|---|---|---|---|---|---|---|---|
| 东方种植户 2 | 5 241.6 | 870 | 982.8 | 436.8 | 2952 | 1.00% | 2006 年麻 |
| 东方种植户 3 | 5 716.8 | 990 | 1 071.9 | 476.4 | 3 178.5 | 1.00% | 2007 年麻 |

## 四、剑麻产业发展特点和存在的主要问题

### （一）产业发展特点

#### 1. 栽培区域集中，集约化程度较高，产业化程度较高

中国剑麻主要分布在广东、广西和云南。其中，主产区广东、广西的剑麻面积和纤维产量均占全国的 99%。广东和广西植区大面积麻田种植已初步实现机械化，机械化综合作业水平达到 85%，已建立起一批剑麻龙头企业，基本实现了以产品为龙头，以市场为导向，产、供、销一条龙的产业化经营模式，初步形成了集约化和规模化经营的格局。

#### 2. 栽培技术领先，产量较为稳定

中国剑麻栽培技术处于世界领先水平，大面积种植平均亩产干纤维达 300 千克/亩。近年来，在世界剑麻面积和产量逐年递减情况下，中国剑麻虽受到紫色卷叶病影响，收获面积减少，但是通过采用先进栽培技术，单产逐年提高，产量保持稳定。

#### 3. 剑麻已成石漠化贫困地区扶贫新亮点

剑麻是景天科代谢途径的植物，具有耐瘠薄和耐旱等特点，可种植在优势区域内的自然条件恶劣地区，而这些地区大多都是贫困地区。因此，剑麻也就成为这些贫困山区产业扶贫的较好选择。2018 年，广西平果县旧城镇的 2 个贫困村已凭借剑麻产业摘帽脱贫，剑麻主要种植在其他作物无法种植的重度石漠化山区；云南广南县篆角乡和黑支果乡等 2 个贫困乡发展剑麻 5 000 亩，也成为了当地扶贫产业的名片。因此，贫困地区剑麻发展成为了剑麻产业发展的新亮点。

### （二）存在的主要问题

#### 1. 剑麻科技创新严重不足

剑麻10年以上才开一次花，育种周期长，加之剑麻科研投入断断续续，研究队伍单薄且不稳定，抗病育种、采收机械、纤维新产品开发和综合利用等方面的科技创新严重不足，难以支撑产业的可持续发展。尤其是在抗病高产的选育种方面，中国剑麻主栽品种仍是H.11648，经过了50多年的种植，品种单一的种植风险逐渐凸显出来，早衰退化并面临新一轮剑麻病虫害的威胁，每年因病虫害死亡的剑麻面积达千亩，经济损失严重，2018年在国有东方农场和湛江麻区发生了剑麻新菠萝灰粉蚧、剑麻斑马纹病和茎腐病等剑麻病虫害，危害面积为2300亩，目前尚无可替代品种，严重阻碍了剑麻产业持续发展，培育替代品种迫在眉睫。

#### 2. 剑麻无规模竞争优势，产业效益亟待进一步提高

虽然剑麻的经济效益要高于甘蔗、木薯等的经济效益，但剑麻投资期长，回报率较慢，比较优势难以转化成规模竞争优势，加之很难根据市场形势变化而快速做出调整。因此，在当前土地资源与人力资源不足、土地成本与劳动力成本不断上升的情况下，与其他经济作物的相比，剑麻的比较优势并没有凸显出来，麻农往往更愿意选择改种其他回报率更高的经济作物。2018年广西国有东风农场有不少的麻农在淘汰老龄剑麻后改种了沃柑。此外，剑麻目前还是以纤维产品为主，废弃物达到95%，综合利用率低，产业效益亟待进一步提高。

#### 3. 剑麻加工企业环保设备亟待升级，产业生存空间遭受挤压

剑麻加工企业管理粗放，加工水平滞后，缺乏相应的环保设施设备。2018年，海南剑麻加工企业已经被环保部门关停，同时污染问题继续困扰南宁市武鸣区120多家大小剑麻加工企业，大部分的企业也面临关停的境地，只有少部分较大的加工企业装配了简易的环保设备，且这些环保设备也亟待升级，而升级设备需要耗费大量的资金和时间，对企业的经营形成了巨大的压力，从而在一定程度上也挤压了产业的生存空间。此外，由于工业投资周期较短、回报率高，而与之相比剑麻经济效益差，加之工业园审批管理不严，因此广西区大部分剑麻农场争先恐后地发展工业园区，广东湛江麻区也有少量的农场开始发展工业园区，严重挤压了剑麻产业的发展空间。

#### 4. 缺乏相关产业政策支持，剑麻尚需拓展向外发展的空间

剑麻种植规模相对较小，地方政府重视程度不够，扶持力度不足，缺乏相应的国家种苗补贴。加之，因投资回报期长，银行提供贷款积极性不高，加工企业贷款困难，致使剑麻制品企业难以通过银行信贷来筹措加工设备更新改造和剑麻收购资金，制约了加工企业的发展。此外，在土地和人力成本大幅提升的背景下，剑麻在国内很难有大幅的发展空间，尚需进一步拓展向外发展的空间。

**5.剑麻纤维低端产品繁多，高端产品缺乏，产业发展缺乏新亮点**

剑麻初加工设备较为陈旧，致使纤维含杂率高、环头麻问题突出，严重限制了其在高端产品上的应用，加之低档产品市场进入门槛低，生产厂家众多，产品繁多，低端产品同质化严重，供应市场基本饱和；而高端产品由于对技术和设备的要求较高而致使进入门槛相对高，国内生产厂家屈指可数，产能不足，高端产品缺乏，而高档产品供不应求，市场潜力巨大。此外，剑麻产业发展以纤维产品为主，产业发展缺乏新亮点。

## 五、剑麻产业发展展望

**（一）剑麻种植面积和产量均小幅下滑**

广西区大部分麻园在 2003—2007 年定植的，面临淘汰更新，由于工业园区和高效益经济作物的挤压，预计 2019 年剑麻种植面积小幅下滑，而由于大部分剑麻园主要由农场管理，麻园管理水平比较高，预计 2019 年剑麻纤维单产稳定在 300 千克左右，从而剑麻总产量略有下降。

**（二）纤维平均价格稳定**

由于剑麻市场潜力大，产业前景向好，在种植面积略减的背景下，纤维需求依然旺盛，预计 2019 年剑麻纤维平均价格基本稳定。

**（三）消费市场将小幅增长，纤维供需缺口大**

人们环保观念随着经济发展和生活水平的提高而不断增强，将拉动剑麻纤维产品消费量。目前全世界每年对剑麻的需求量约为 40 万吨，而纤维年产量约 20 万吨，且随着纤维新产品的研发，供需缺将会越来越大。

## 六、剑麻产业发展建议

**（一）加强科技创新与技术推广**

以剑麻产业升级和可持续发展需求为导向，充分利用中国热带农业科学院的科技优势和国家麻类产业技术体系平台，加强产、学、研联合，针对剑麻产业升级关键技术问题开展协同创新和推广。一是加大高产抗病新品种的选育和推广力度；二是加快剑麻采收机械的研制；三是加大纤维新产品研发力度，深入推进麻水麻渣综合利用，开发果胶、皂素等副产品，提高剑麻产业的经济效益。

**（二）做好剑麻产业发展顶层设计，提质增效**

根据剑麻的特色优势，结合国家农业绿色发展和乡村振兴战略做好剑麻产业发展规划，目的在于大力发展剑麻产业的同时兼顾生态效益，推动剑麻生产向优势区域集中，以标准化生产示范园推进特色产业带建设，打造剑麻龙头企业，更新设备，优化产能，在每个产业带配套建设剑麻产品加工工业基地，推进剑麻产业供给侧结构性改革，引导产业健康持续地发展。

### （三）以乡村振兴战略和精准扶贫为契机，拓展剑麻发展空间

中国热区大多处于老少边穷地区，迫切需要培育具有特色的主导产业带动当地脱贫致富，而剑麻正是热区重要的特色产业。在剑麻种植优势区域内，建议地方政府以乡村振兴战略为契机，推动剑麻产业精准扶贫，加大招商引资力度，大力扶持建设贫困人口参与度高的剑麻特色农业基地，加强贫困地区剑麻农民合作社和剑麻龙头企业培育与引进，发挥其对贫困人口的组织和带动作用，强化其与贫困户的利益联结机制。在政府的指导监督下，企业、合作社、贫困农户等多元主体共同参与，构建"公司＋基地（合作社）＋农户"发展模式，通过发挥各方合作优势，使得产业扶贫利益最大化，以大力拓展剑麻产业发展空间。

### （四）加大金融信贷支持力度，实施国际合作与交流策略

剑麻主产区地方政府应加大对产业的扶持力度，协调金融部门，切实解决企业、农户融资贷款难问题，建立灵活多样的保险机制，设立政策性保险补贴和灾害保险补偿金，为剑麻产业健康发展保驾护航。此外，鼓励中国剑麻企业抓住机遇，大力实施国际合作与交流策略，通过资本重组、兼并、收购、并购、入股、控股等多种方式拓展境外的剑麻产业发展空间，建立海外基地，充分利用国外优质的自然资源和廉价劳动力，增强对产业的控制力和供给力，缓解中国剑麻种植地与人力资源紧缺问题。

### （五）推动酿酒剑麻发展，为剑麻产业增添新亮点

在纤维剑麻产业很难有大的突破的时候，酿酒剑麻也许是未来剑麻产业发展的新亮点。剑麻（龙舌兰）酒是世界范围内公认的高级饮料，2018年墨西哥出口龙舌兰酒达2.3亿升，销售额超13亿美元。而2018年中国进口龙舌兰酒114.5万升，价值562万美元，中国是世界酒水行业的第一消费市场，占世界的20%，消费潜力巨大。现国内已引入相关的酿酒种质，建议加大研究力度，推动酿酒剑麻产业的发展。